创新职业教育系列教材

网站建设与网页制作

邹利侠　主编

中国林业出版社

图书在版编目(CIP)数据

网站建设与网页制作/邹利侠主编. —北京：中国林业出版社，2015.11
(创新职业教育系列教材)
ISBN 978 - 7 - 5038 - 8233 - 3

Ⅰ.①网…　Ⅱ.①邹…　Ⅲ.①网站 - 建设 - 技术培训 - 教材②网页制作工具 - 技术培训 - 教材　Ⅳ.①TP393.092

中国版本图书馆 CIP 数据核字(2015)第 254670 号

出版：中国林业出版社(100009　北京西城区德胜门内大街刘海胡同 7 号)
E-mail：Lucky70021@sina.com　**电话**：010 - 83143520
发行：中国林业出版社总发行
印刷：北京中科印刷有限公司
印次：2015 年 12 月第 1 版第 1 次
开本：787mm×1092mm　1/16
印张：15.25
字数：280 千字
定价：30.00 元

序　言

"以就业为导向，以能力为本位"是当今职业教育的办学宗旨。如何让学生学得好、好就业、就好业，首先在课程设计上，就要以社会需要为导向，有所创新。中职教程应当理论精简、并通俗易懂易学，图文对照生动、典型案例真实，突出实用性、技能性，着重锻炼学生的动手能力，实现教学与就业岗位无缝对接。这样一个基于工作过程的学习领域课程，是从具体的工作领域转化而来，是一个理论与实践一体化的综合性学习。通过一个学习领域的学习，学生可完成某一职业的典型工作任务（有用职业行动领域描述），处理典型的"问题情境"；通过若干"工作即学习，学习亦工作"特点的系统化学习领域的学习，学生不仅仅可以获得某一职业的职业资格，更重要的是学以致用。

近年来，几位职业教育界泰斗从德国引进的基于工作过程的学习领域课程，又把我们的中职学校的课程建设向前推动了一大步；我们又借助两年来的国家示范校建设契机，有选择地把我们中职学校近年来对基于工作过程学习领域课程的探索进行了系统总结，出版了这套有代表性的校本教材——创新职业教育系列教材。

本套教材，除了上述的特点外，还呈现了以下特点：一是以工作任务来确定学习内容，即将每个职业或专业具有代表性的、综合性的工作任务经过整理、提炼，形成课程的学习任务——典型工作任务，它包括了工作各种要素、方法、知识、技能、素养；二是通过工作过程来完成学习，学生在结构完整的工作过程中，通过对它的学习获取职业工作所需的知识、技能、经验、职业素养。

这套系列教材，倾注了编写者的心血。两年来，在已有的丰富教学实践积累的基础之上不断研发，在教学实践中，教学效果得到了显著提升。

课程建设是常说常新的话题，只有把握好办学宗旨理念，不断地大胆创新，把所实践的教学经验、就业后岗位工作状况不断地总结归纳，必将会不断地创新出更优质的学以致用的好教材，真正地为"大众创业、万众创新"做好基础的教学工作。

沈士军

2015 年岁末

前　言

　　网站建设与网页制作是按照"学习领域型"课程的开发步骤，通过对网站建设与维护职业岗位和典型工作任务分析，从站点的规划和网站的整体设计入手，按照从整体布局到具体实现的方式，并以学校网站开发真实工作任务及其工作过程为依据整合、序化教学内容，详细介绍了网页设计和制作的过程，将理论知识与开发网站的实际结合起来，培养学生的开发能力和实践操作能力。本书内容涵盖了各种方法和技巧，通过对本书的学习，使学生掌握网页设计与制作的技能，并轻松地创建出具个性化的个人和商业网站。

　　本书通过创设六个学习情境，对所设计的网站项目进行了任务分解和操作讲解。学习情境一认识网站，通过网站的整体规划等四个任务分析，让读者对网站、网页等概念有初步认识；学习情境二网页基本布局与设计，通过完成表格布局页面等四个任务，使掌握文本、图像及超级链接网页内容编辑，以及表格、框架等网页布局技术；学习情境三网页整体布局与美化，通过完成网页整体结构布局、网页主体内容设计任务，掌握 Div + CSS 网页布局技术；学习情境四设计网页动态效果，通过添加网页提醒框等四个任务，向读者介绍了网页常用的动态效果的设计技巧；学习情境五动态网页设计，通过动态网页基本平台构建等四个任务，让读者初步掌握网络数据基本知识，在 Dreamweaver 网页中连接、操作数据库基本技能；学习情境六发布网站，通过 Cute FTP 进行网站上传等任务设计，让读者掌握网站测试与上传的相关知识与技能。

　　本书适合于高职高专和中职中专计算机专业网页设计与规划的教学，教师可根据自己的授课特点，灵活调整各项目的顺序；也可作为网页制作的培训教程及网页制作爱好者或相关从业人员的自学用书。

　　由于编者水平有限，在编写中错误之处在所难免，敬请读者批评指正。

编　者

目录
CONTENTS

学习情境一 认识网站

网页设计是一门综合性技术，它包含程序设计、美术设计及其他媒体技术。网页设计看似复杂，但是任何技术都是从一定的基础上扩展而来的。在正式设计网页之前，先学习与之相关的基础知识。

本课题将介绍网页设计前的准备工作，了解网页的基本编写语言以及网页设计工具的选择及初步运用，主要分为 4 个任务：

1. 网站的整体规划。
2. 熟悉建站环境——Dreamweaver CS3 软件。
3. 创建与管理站点。
4. 认识 HTML。

学习任务一 网站的整体规划

知识点

1. 网络的专业术语。

2. 网络的浏览方式。

3. 网站规划的基本步骤。

一、任务引入

小王经学校就业处推荐在某网络公司就职，技术部要小王参与创建宿迁开放大学门户网站。网站创建要求是符合一般院校的网站创建规律，建站目的是为了宣传学校，让社会了解学校的教学管理、学生管理以及最新资讯等。小王该如何完成这一任务呢？为了完成这个任务，小王首先应该知道：什么是网站？建站的目的是什么？如何建站？用什么工具可以创建网站？创建出来的网站是否符合客户的要求？

1

二、任务分析

一项建筑工程在开始之前需要进行详细规划，网站建设也是一样。在创建网站前必须对网站进行整体的规划和设计，这在整个网站创建中起到指导作用。一个网站在建站前必须明确创建网站的主题、目的和功能，即网站提供哪些服务和内容、网站的设计方案、网站的测试和发布方案、后期网站的维护和推广方案、投入费用以及必要的市场分析等。

明确以上的内容，才有可能提交一份满意的答卷。网站首页设计效果如图1-1 所示。

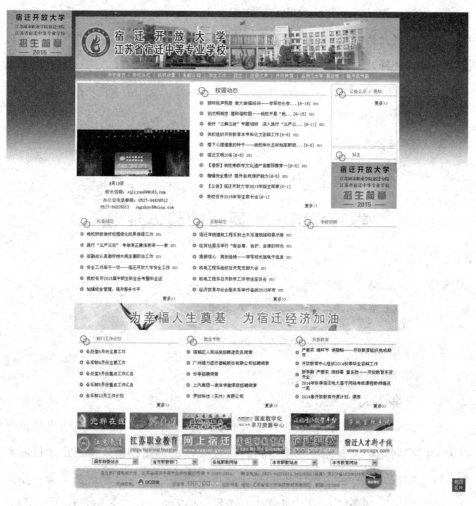

图 1-1　任务一效果图

三、相关知识

(一)网站中的专业术语

1. 互联网

20 世纪 70 年代,互联网初露头角。直到 80 年代,人们对其还在不断地研究中。到了 90 年代,商业运作的介入改变了互联网的状况,互联网进入飞速发展时期。它的成长几乎是指数式的增长。直到现在,互联网发展依然是高速进行,人类社会生活因此也发生了翻天覆地的变化。

2. WWW

WWW 即 World Wide Web 的简称,也称万维网,它是由分布在互联网上的成千上万个网页组成的网络信息系统。它为用户提供各种各样的信息和网络服务,是互联网中有着重大意义的产品。它的出现是互联网发展史中的里程碑之一。WWW 服务是通过网页形式的链接向用户提供信息,网页又通过超链接连接到其他资源。

3. 网页

网页实际是一个文件,存放在某一台计算机中,这台计算机必须是与互联网相连的,网页经由网址(URL)来识别与存取,当用户在浏览器输入网址后,经过一段复杂而又快速的程序(域名解析),网页文件会被传送至用户的计算机,然后再通过浏览器解释网页的内容,展示到显示器上。网页中包含文本、图像、声音和视频等多种形式的资源,因此也叫超媒体。网页是通过许多规则把超媒体组织在一起的超文本文件,浏览器按照网页中的规则解释出来,然后把各种超文本元素显示在页面上。

(二)网站的浏览方式

(1)计算机已经连接了互联网,同时电脑的操作系统中安装了网页浏览器。

(2)双击打开网页浏览器软件:Internet Explorer。

🔍 知识拓展

常用浏览器类型

网页的显示需要网页浏览器的支持,目前的主流网页浏览器有 Microsoft Internet Explorer、Netscape、Mozilla Firefox 以及 Opera 等。

在浏览器的地址栏中输入网址,如"http://www.sina.com.cn/",然后单击回车键就访问这个网站,如图 1-2 所示。只要是网页浏览器打开的站点,显

示的都是网页。

图 1-2 新浪网站首页(局部)

(3)查看网页的原理组成。用户在当前打开网页的网页浏览器上，单击"查看"菜单，选择"源文件"命令，如图 1-3 所示；或者在网页空白处右键单击，选择"源文件"命令，如图 1-4 所示。

图 1-3 通过菜单查看源文件

图 1-4　通过右键单击查看源文件

查看源文件，即打开一个记事本文件，里面的一些代码内容为 HTML 语言即网页内容。示例代码如图 1-5 所示。

```
<!--风采校园篇-->
    <div class="blank"></div>
    <div class="zhishu left" style="height: 150px">
        <h3 style="font-size: 14px;">
            校园风采
<span          class="more"          ><a                    href="./xvfg.jsp"
target="_blank"style="color:boack;">更多..</a> </span>
        </h3>
        <div id="xvfc" style="overflow: hidden; width: 790px; height: 150px;">
            <table   border="0"   align="center"   cellpadding="1"   cellspacing="1"
cellspace="0">
                <tr>
                    <td id="xyfc1" valign="top" bgcolor="ffffff">
                        <table border="0" cellspacing="0" cellpadding="0">
                            <tr align="center" class="xyfc">
                            </tr>
                        </table>
                    </td>
                    <td id="xvfc2" valign="top">
                    </td>
                </tr>
            </table>
        </div>
```

图 1-5　网页的源代码

(三)网站制作的基本步骤

网站规划→准备建站素材→设计并制作网页内容→测试网站→上传发布，如图 1-6 所示。

(四)任务实施

步骤一：市场分析

学校门户网站是一项对外宣传的非赢利性的网站，根据这一特点，我们必须对学校基本情况进行分析，如学校概况、教学模式、教学设施、专业特色、师资力量等。

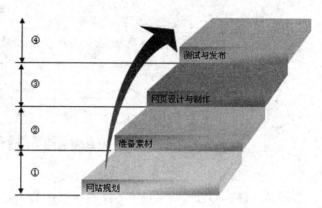

图 1-6　网站制作步骤

经过初步整合，初步制定本网站的导航栏目：本站首页、学校概况、机构设置、系部介绍、招生就业、教育培训、名师工作站等栏目。

步骤二：网站的目的和主题等信息

(1)确定创建网站的目的

本网站创建目的是作为学校信息发布的平台、对外宣传展示学校形象、指导学校的招生工作等。通过本网站可以让求学者了解学院的专业设置和各专业的发展动态，根据求学者自身兴趣、特点进行专业选择。求学者可直接和学院建立联系，在网上报名入学。

(2)网站的主题

网站的题材不能脱离各类学校相关信息展示宣传，做到全面且精细。

(3)网站的命名

遵循以学院名命名网站名称的原则。

(4)网站的标志

图 1-7　网站的 Logo 示意图

（5）网页的布局

网页的布局按照"标题正文"型布局，如图1-8所示。

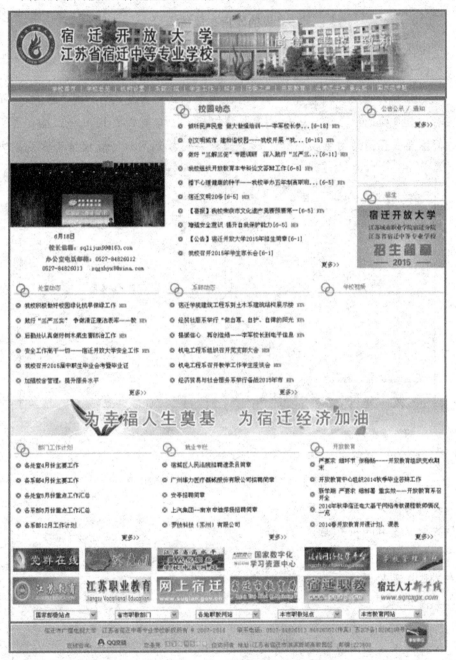

图1-8 网站整体布局

知识链接

常见的网页布局结构

常见的网页布局形式包括"国"字形布局、T形布局、标题正文型布局。

1."国"字形布局

"国"字形布局由"同"字形布局进化而来，因布局结构与汉字"国"相似而得名。其页面的最上部分一般放置网站的标志和导航栏或 Banner 广告，页面中间主要放置网站的主要内容，最下部分一般放置网站的版权信息和联系方式等。

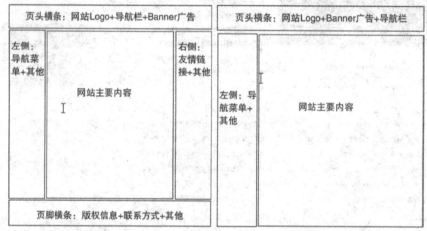

| 页头横条：网站Logo+导航栏+Banner广告 |
| 左侧：导航菜单+其他 / 右侧：友情链接+其他 / 网站主要内容 |
| 页脚横条：版权信息+联系方式+其他 |
"国"字型布局的简化示意图

| 页头横条：网站Logo+Banner广告+导航栏 |
| 左侧：导航菜单+其他 / 网站主要内容 |
T型布局的简化示意图

2."T"形布局

"T"形布局结构因与英文大写字母 T 相似而得名。其页面的顶部一般放置横网站的标志或 Banner 广告，下方左侧是导航栏菜单，下方右侧则用于放置网页正文等主要内容。

3. 标题正文型

标题正文型布局的布局结构一般用于显示文章页面、新闻页面和一些注册页面等。

| 标　题 |
| 正文详细内容 |
标题正文型布局的简化示意图

（6）网页的色彩搭配

网站建设中网页色彩搭配也跟网页布局有着异曲同工之处，不同的色彩，运用在同一个行业领域中，却有着不同的营销效果，色彩本身并没有美与丑，和谐的色彩搭配才能体现出美好的东西。

比如说：用粉色来装点有关于女性的网站，可以体现女性的柔美；用黑白色可以体现个性网站的特别与不羁；用紫色体现饰品网的高贵典雅；用蓝色体现门户网站的舒适和开阔；用红色表现出华丽或者权威。

步骤三：网站设计的工具选择

按工作方式不同，通常可以将网页制作软件分为两类，一类是所见即所得式的网页编辑软件，如 Dreamweaver、FrontPage、Visual Studio 等，另一类是直接编写 HTML 源代码的软件，如 Hotdog、Editplus、HomeSite 等。用户也可以直接使用所熟悉的文字编辑器来编写源代码，如记事本、写字板等，但要保存成网页格式的文件。

由于网页元素的多样化，要想制作出精致美观、丰富生动的网页，单纯依靠一种软件是不行的，往往需要多种软件的互相配合，如网页制作软件 Dreamweaver，图像处理软件 Photoshop 或 Fireworks，动画创作软件 Flash 等。

Dreamweaver 是网页设计最实用的辅助工具之一，用户可采用目前应用较广的版本 CS3 来设计，如图 1-9 所示。

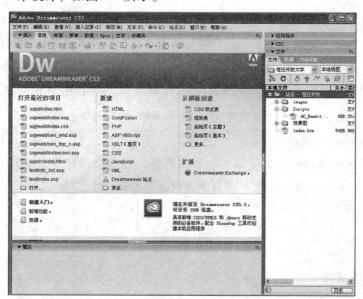

图 1-9 Dreamweaver CS3 的界面

知识链接

1. Dreamweaver 简介

Dreamweaver 是美国 Macromedia 公司于 1997 年发布的集网页制作和网站管理于一身的"所见即所得"式的网页编辑器。

2002 年 5 月，Macromedia 发布 Dreamweaver MX，Dreamweaver 一跃成为专业级别的开发工具。

2003 年 9 月，Macromedia 发布 Dreamweaver MX 2004，提供了对 CSS 的支持，促进了网页专业人员对 CSS 的普遍采用。

2005 年 8 月，Macromedia 发布 Dreamweaver 8，加强了对 XML 和 CSS 的技术支持，并简化了工作流程。

2005 年年底，Macromedia 公司被 Adobe 公司并购，自此 Dreamweaver 就归 Adobe 公司所有。

2007 年 7 月，Adobe 公司发布 Dreamweaver CS3。

2008 年 9 月发布 Dreamweaver CS4。

2010 年 4 月发布 Dreamweaver CS5。

2011 年 4 月发布 Dreamweaver CS5.5。

2. Dreamweaver 的优点

（1）Dreamweaver 是著名的网站开发工具，它使用所见即所得的接口，亦有 HTML 编辑的功能，可以让设计师轻而易举地制作出跨越平台和浏览器限制的充满动感的网页。

（2）对于初学者来说，Dreamweaver 的可视化效果让用户比较容易入门，而且利用 Dreamweaver 可以比较容易地制作交互式网页，很容易链接到 Access、SQL Server 等数据库。

（3）Dreamweaver 集建立站点、布局网页、开发应用程序、编辑代码和发布网站等功能于一体，可以轻松地完成网站开发的所有工作。

习　题

一、选择题

1. 网页与网站的区别在于（　　）。

A. 多个网站组合在一起组成网页

B. 网站是多个网页的集合，而网页只是网站中表现内容的一种形式

C. 网页与网站都是一个页面，向用户显示信息

D. 网站只能显示文本信息，网页却能显示文本、图像、多媒体内容

二、填空题

1. 常见的网页布局形式包括＿＿＿＿＿布局、＿＿＿＿＿布局、＿＿＿＿＿布局。

2. 网站就是指在国际网络(因特网)上，根据一定的规则，使用＿＿＿＿＿等工具制作的用于展示特定内容的相关网页的集合。

3. ＿＿＿＿＿和＿＿＿＿＿是构成网页最基本的两个元素。

4. 当查看网页源文件时，即可打开一个记事本文件，里面的代码内容为HTML 语言标记。为了标识网页主体内容，应该使用的 HTML 标记是＿＿＿＿＿。

5. WWW 是＿＿＿＿＿的缩写，其含义是＿＿＿＿＿＿，很多人又形象地称它为＿＿＿＿＿。

学习任务二　熟悉建站环境——Dreamweaver CS3 软件

知识点

1. 掌握 Dreamweaver CS3 软件的安装和运行。

2. 熟悉 Dreamweaver CS3 软件的界面。

一、任务引入

小王对网站进行了初步的规划，但要完成网站设计开发，可以采用最实用的网页编辑软件 Dreamweaver CS3 来设计，如图 1-10 所示。软件怎么安装，怎么运行呢？软件的窗口有哪些功能呢？

二、任务分析

本任务主要是掌握 Dreamweaver CS3 软件的安装和运行，熟悉 Dreamweaver CS3 的软件界面。

三、任务实施

步骤一：安装 Dreamweaver CS3

(1)双击安装文件，打开安装向导，如图 1-11 所示。

(2)单击"下一步"，弹出"选择目标位置"，如图 1-12 所示。可以单击"浏览"按钮来更改安装驱动器和安装目录，这里选择 D 盘目录安装。

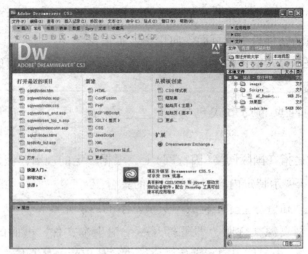

图 1-10　任务二效果图

图 1-11　安装向导

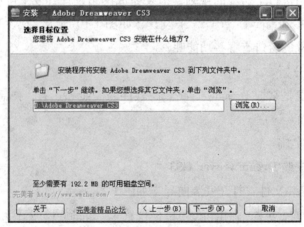

图 1-12　安装位置的设置

（3）单击"下一步"按键，可以进行一些附加任务的选择，如图1-13所示。

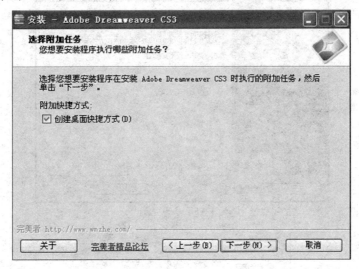

图1-13　附加任务选择

（4）单击"下一步"按钮，进行安装准备，如果有错误，可单击"上一步"按钮进行重新选择。

（5）单击"安装"按钮，弹出如图1-14所示的界面开始安装，等待其安装结束即可。

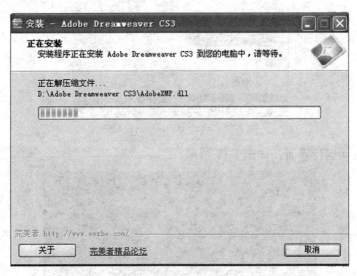

图1-14　安装进行中

（6）安装完成，如图1-15所示，单击"完成"按钮，完成安装。

步骤二：运行 Dreamweaver CS3 软件

（1）单击"开始"选择"Adobe Dreamweaver CS3"，如图1-16所示。

图 1-15 安装完成

图 1-16 启动 Dreamweaver CS3

（2）启动运行界面，如图 1-17 所示。

图 1-17 启动运行界面

14

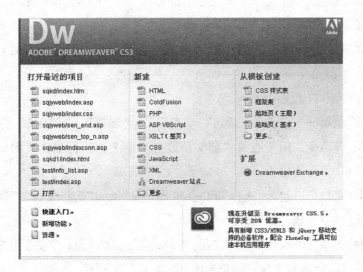

图 1-18　Dreamweaver CS3 起始页

（3）起始页中有 3 项列表："打开最近项目"、"建新"和"从模板创建"，如图 1-18 所示。选择一项，进入工作界面，如图 1-19 所示。

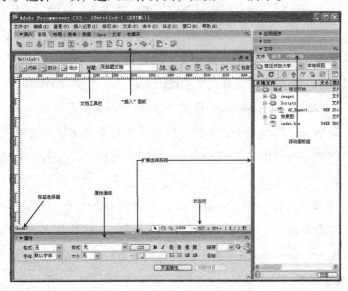

图 1-19　Dreamweaver CS3 工作界面

步骤三：熟悉 Dreamweaver CS3 的工作界面

整体工作界面，如图 1-19 所示。

（1）标题栏

显示应用程序的名称，最小化、最大化和正常之间的切换按钮以及关闭按钮。

（2）菜单栏

包含有文件、编辑、查看、插入记录、修改、文本、命令、站点、窗口、帮助 10 个菜单项。

菜单栏具体功能说明：

"文件"菜单——包含有"新建"、"打开"、"保存"、"关闭"、"另存为"、"保存全部"等命令，用于查看当前文档或对当前文档执行操作，例如"在浏览器中预览"和"另存为模板"。

"编辑"菜单——包含"选择"和"查找"命令，例如"选择父标签"和"查找和替换"，还包括"首选参数"命令。

"查看"菜单——可以设置文档的各种视图（例如"设计"视图和"代码"视图），并且可以显示和隐藏不同类型的页面元素和工具栏。

"插入记录"菜单——提供"插入"栏的扩充选项，用于将合适的对象插入您当前的文档。

"修改"菜单——使用户可以更改选定页面元素或项的属性。使用此菜单，用户可以编辑标签属性，更改表格和表格元素，并且为库项和模板执行不同的操作。

"文本"菜单——可以轻松地设置文本的格式。

"命令"菜单——提供对各种命令的访问；包括一个清理 HTML、一个创建相册的命令、一个添加/移除 Netscape 调整修复（使你的网页适合 netscape 浏览）等。

"站点"菜单——提供用于管理站点以及上传和下载文件的菜单项。

"窗口"菜单——提供对 Dreamweaver 中的所有面板、属性、检查器和窗口的访问。

"帮助"菜单——提供对 Dreamweaver 文档的访问，包括关于使用 Dreamweaver 以及创建 Dreamweaver 扩展功能的帮助系统，还包括各种语言的参考材料。其中包含一个 Dreamweaver 入门教程，初学者可以去看看。

（3）标准工具栏

选择主菜单中的"查看"/"工具栏"/"标准"命令显示"标准"工具栏，如图 1-20 所示。

图 1-20 "标准"工具栏

（4）插入栏

插入栏说明（图1-21）：

常用类别——包含创建和插入最常用的对象。

布局类别——包含表格、Div 标签、框架和 Spry 构件及选择表格的两种视图：标准（默认）和扩展。

图1-21 插入栏

表单类别——包含创建表单和表单元素（包括 Spry 验证构件）。

数据类别——使您可以插入 Spry 数据对象和其他动态元素，例如记录集、重复区域以及插入记录表单和更新记录表单。

Spry 类别——包含一些用于构建 Spry 页面的按钮，包括 Spry 数据对象和构件。

文本类别——包含插入各种文本格式和列表格式的标签，如 b、em、p、h1和 ul。

收藏夹类别——包含将"插入"栏中最常用的按钮分组和组织到某一公共位置。

服务器代码类别——仅适用于使用特定服务器语言的页面，这些服务器语言包括 ASP、ASP、NET、CFML Basic、CFML Flow、CFML Advanced、JSP和 PHP。

（5）文档工具栏

文档工具栏包含按钮和弹出式菜单，它们提供各种"文档"窗口视图（如"设计"视图和"代码"视图）、各种查看选项和一些常用操作（如"在浏览器中预览"），如图1-22 所示。

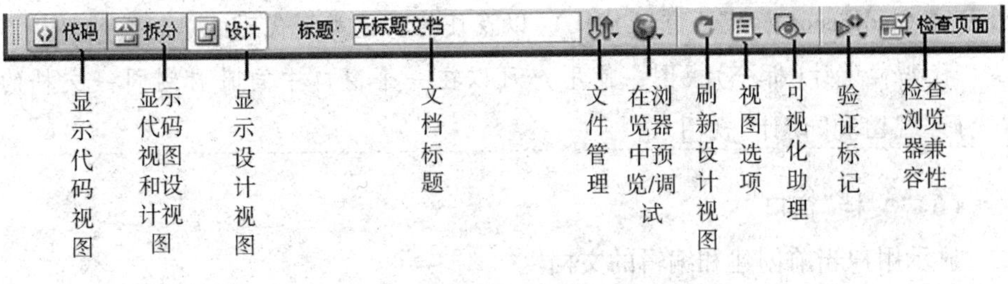

图1-22 文档工具栏

以下对主要选项进行说明：

①显示代码视图——仅在"文档"窗口中显示"代码"视图。

②显示代码视图和设计视图——在"文档"窗口的一部分中显示"代码"视图，而在另一部分中显示"设计"视图。当选择了这种组合视图时，"视图选项"菜单中的"在顶部查看设计视图"选项变为可用。用户可使用该选项指定在"文档"窗口的顶部显示视图。

③显示设计视图——仅在"文档"窗口中显示"设计"视图。

④文档标题——允许用户为文档输入一个标题，它将显示在浏览器的标题栏中。如果文档已经有了一个标题，则该标题将显示在该区域中。

⑤浏览器/检查错误——用于检查编辑页面的错误以及检查浏览器是否支持文档中的素材。

⑥文件管理——显示"文件管理"弹出菜单。

⑦在浏览器中预览/调试——在浏览器中预览或调试文档，从弹出菜单中选择一个浏览器。

⑧刷新设计视图——当用户在"代码"视图中进行更改后刷新文档的"设计"视图。

⑨视图选项——允许用户为"代码"视图和"设计"视图设置选项。

知识拓展

视图的方式

设计视图：一个用于可视化页面布局、可视化编辑和快速应用程序开发的设计环境。在该视图中，Dreamweaver CS3 显示文档的完全可编辑的可视化表示形式，类似于在浏览器中查看页面时看到的内容。

代码视图：一个用于编写和编辑 HTML、JavaScript、服务器语言代码（如 PHP 或 ColdFusion 标记语言（CFML））以及任何其他类型代码的手工编码环境。

代码和设计（拆分）视图：使用户可以在一个窗口中同时看到同一文档的"代码"视图和"设计"视图。

（6）"文档"窗口

显示用户当前创建和编辑的文档。

（7）状态栏

提供与用户正创建的文档有关的其他信息，如图 1-23 所示。

图1-23 状态栏

状态栏选项说明：

标签选择器——显示当前选定内容的标签的层次结构。单击该层次结构中的任何标签以选择该标签及其全部内容。比如：单击 < body > 可以选择文档的整个正文。

窗口大小弹出菜单——(仅在"设计"视图中可见)用来将"文档"窗口的大小调整到预定义或自定义的尺寸。窗口大小"的右侧是页面的文档大小和估计下载时间。

(8)属性面板

"属性"检查器使用户可以检查和编辑当前选定页面元素(如文本和插入的对象)的最常用属性。"属性"面板中的内容根据选定的元素会有所不同。例如，如果用户选择页面上的一个图像，则"属性"检查器将改为显示该图像的属性(如图像的文件路径、图像的宽度和高度、图像周围的边框，等等)，如图1-24所示。

图1-24 "图像"属性面板

(9)面板组

面板组是分组在某个标题下面的相关面板的集合，如图1-25所示。若要展开一个面板组，可单击组名称左侧的展开箭头；若要取消停靠一个面板组，可拖动该组标题条左边缘的手柄，每个面板组都可以展开或折叠，并且可以和其他面板组停靠在一起(或取消停靠)。面板组还可以停靠到集成的应用程序窗口中，这使得用户能够很容易地访问所需的面板，而不会使工作区变得混乱。Dreamweaver 8 提供了多种此处未说明的其他面板、检查器和窗口。若要打开其他面板，使用"窗口"菜单。

(10)文件面板

文件面板选项说明如图1-26所示。

图 1-25　面板组

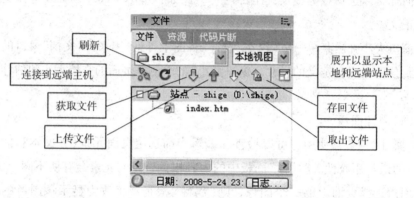

图 1-26　文件面板

🔍 **技能链接**

将 Dreamweaver CS3 默认的 UTF-8 编码改为 GB 2312：

Dreamweaver CS3 默认的新建文档的编码是 UTF-8，我们可以将默认的 UTF-8 编码修改成较为常用的简体中文编码——GB 2312。

（1）打开 Dreamweaver CS3，选择"编辑"菜单，选择"首选参数"命令。如图 1-27 所示。

（2）选择"新建文档"分类，"默认编码"选项中选择"简体中文（GB 2312）"，单击"确定"按钮即可，如图 1-28 所示。

（3）在新建的文件中会出现 HTML 代码：

$<$ meta http $-$ equiv $=$ " Content $-$ Type" content $=$ " text/html;

charset $=$ gb2312" / $>$

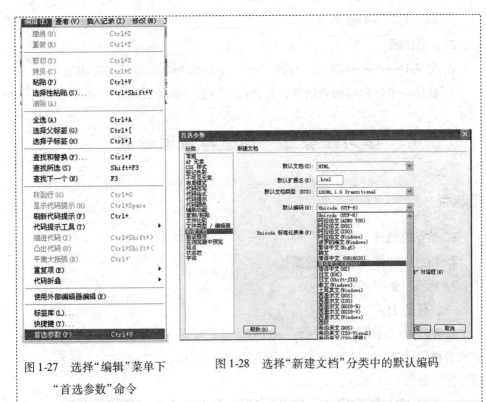

图 1-27 选择"编辑"菜单下   图 1-28 选择"新建文档"分类中的默认编码

"首选参数"命令

习 题

一、选择题

1. 以下哪些是 Dreamweaver CS3 的新增功能(   )。

A. 用 Ajax 的 Spry 框架进行动态用户界面的可视化设计、开发和部署

B. 进行可视化 Web 页设计

C. 能使用 CSS 样式

D. Dreamweaver CS3 有属性面板

2. 安装 Dreamweaver CS3 需要(   )的内存。

A. 32MB   B. 256MB   C. 512MB   D. 1GB

二、填空题

1. Dreamweaver CS3 中默认编码为_____。

2. Dreamweaver CS3 应用程序的操作界面主要由标题栏、菜单栏、插入栏、文档工具栏、文档窗口、状态栏、属性面板、文档面板、帮助中心和扩展管理器等组成,可通过选择"_____"菜单来显示或隐藏某些功能模块。

3. Dreamweaver CS3 中有_____、_____、_____ 3 种视图方式。

三、操作题

1. 浏览 Dreamweaver CS3 的操作界面，熟练掌握各部分的主要功能。

2. 新建一个空白的网页信息，并且设置网页的各种属性。

学习任务三　创建与管理站点

技能点

1. 站点的创建与设置。

2. 站点中文件及文件夹的操作。

3. 新建、保存文档。

一、任务引入

安装好网页编辑软件 Dreamweaver CS3 后，要完成网站设计开发，必须给网站的素材安置合适的位置，并有效利用 Dreamweaver CS3 与网站建立联系，如何设置呢？如图 1-29 所示。

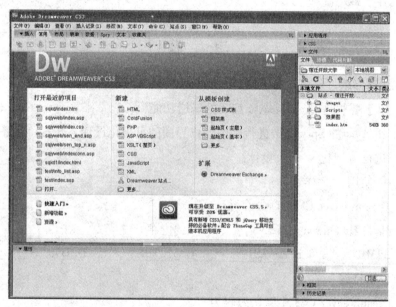

图 1-29　任务三效果图

二、任务分析

本任务主要是利用 Dreamweaver CS3 建立站点，并且通过站点管理器实现本地路径设置、地址信息管理、远程服务器信息管理、测试服务器环境配置和模板管理等功能。通过站点浮动面板对站点中的文件夹、文件进行命名、添加、删除等操作。

三、任务实施

步骤一：创建名为"宿迁开放大学"的站点

（1）选择"站点"中"新建站点"菜单命令，打开"站点定义"对话框，如图1-30所示。

图1-30 "站点"菜单下"新建站点"命令

（2）在"站点定义"对话框的"基本"选项卡内输入站点名称，单击"下一步"按钮，也可以选择"高级"选项卡进行设置。自定义站点名，如"宿迁开放大学"，如图1-31所示。

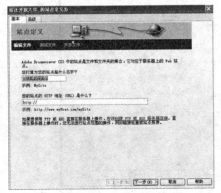

图1-31 "站点定义"对话框

（3）选择是否使用服务器技术，如果创建的是静态网页，则选择"否，我不想使用服务器技术"单选按钮，单击"下一步"按钮，如图1-32所示。

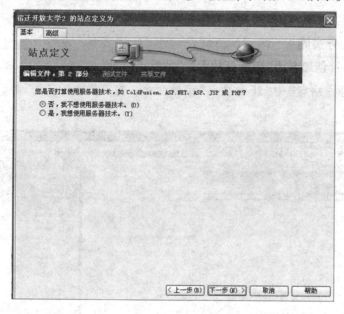

图1-32 选择"是否使用服务器技术"

（4）由于本地没有安装环境，通常选择"编辑我的计算机上的本地副本，完成后再上传到服务器（推荐）"单选项，选择本地存放站点文件的根文件夹，单击"下一步"按钮，如图1-33所示。

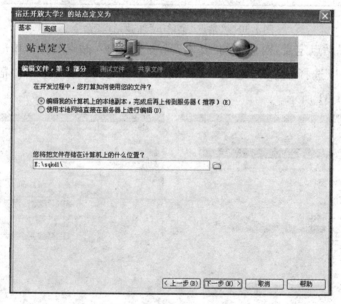

图1-33 选择如何使用文件

（5）在"共享文件"界面中选择如何连接到服务器，如果选择了具体的连接类型，则需进行相应的参数设置。如果暂不使用上传文件，可选择"无"选项，然后单击"下一步"按钮，如图 1-34 所示。

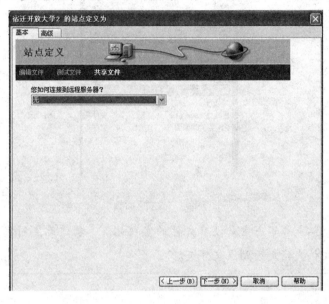

图 1-34　如何连接到远程服务器

（6）最后显示设置概要，用户如果发现某一步设置不正确可单击"上一步"按钮返回该页面进行修改，结束则单击"完成"按钮完成对新站点的设置，如图 1-35 所示。

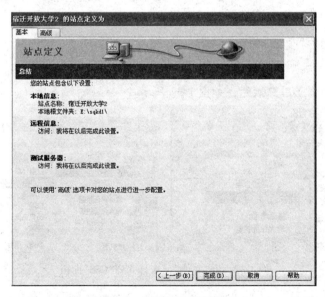

图 1-35　显示设置概要信息

（7）在 Dreamweaver 的操作窗口"文件"面板中会显示刚刚设定的站点文件，如图 1-36 所示。

图 1-36 "文件"面板

注意：新站点并不一定是没有文件的空白站点，创建站点时完全可以把已含有文件的文件夹指定为站点文件夹。

技能拓展

Dreamweaver CS3 中面板的个性化定制

（1）关闭使用频率较低的面板

打开所要关闭的面板，右键单击该对象，弹出快捷菜单，选择"关闭面板"即可。

（2）将用户"爱好"的面板进行组合

用户打开所要关闭的面板，右键单击该对象，弹出快捷菜单，选择"将资源组合至"，直至用户满意，如图 1-37 所示。

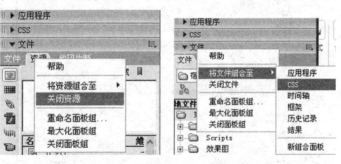

图 1-37 将"文件"面板合并到"CSS"面板

知识链接

本地站点与远程站点

一、本地站点和远程站点

要制作一个能够被大家浏览的网站，首先需要在本地磁盘上制作这个网站，然后把这个网站传到互联网的 Web 服务器上。放置在本地磁盘上的网站被称为本地站点，位于互联网 Web 服务器里的网站被称为远程站点。

二、路径的分类

路径种类有两种：绝对路径和相对路径。

（一）绝对路径：指带有域名的完整路径，比如：

http：//sh. focus. cn/temp/ldxs. html/ldxs_ 02. jpg 最终的目标文件是 ldxs_ 02. jpg 这张图片。如果在网页中点击图片二字可以产生链接，如 < a href = "http：//sh. focus. cn/temp/ldxs. html/ldxs_ 02. jpg" arget = "_ blank" > 图片 </a >

（二）相对路径

根据文件相对位置的不同大体分为三种情况：

1. 文件在同一目录下

假如在站点下有两个文件：一个是 index. htm，一个是 sqkd. html，如图 1-38所示。在编辑 index. htm 时如果需要链接到 sgkd. html 文件，就可以直接使用相对路径：< a href = "sqkd. html" >学院概况 </a >。

2. 文件在下级目录中

如图 1-39所示的文件结构，在编辑 index. htm 要链接到 files 文件夹下的 sqkd. html，应该：< a href = "files/sqkd. html" >学院概况 </a >。

图 1-38　文件在同一目录下　　　图 1-39　文件在不同目录下

3. 文件在上级目录中

如果指定的链接文件在当前文件的上一级，就要在文件名前加上"..."。

如图 1-39 所示的文件结构，在编辑 xygk 文件夹下的 sqkd. html 要链接到 index. htm：<a href = "../index. html" >本站首页</a>

如果是上两级的目录那就再多加两个点，例如：

<a href = "../../index. htm" >本站首页</a>

4. 用相对路径表示根目录

如果需要指向网站的根目录，用户可直接使用根相对路径。即在链接文件前加上反斜线"/"。例如：

如图 1-36 所示的文件结构，在编辑 files 文件夹下的 sqkd. html 要链接到 index. htm 应该：<a href = "/index. htm" >本站首页</a>

在编辑 index. htm 要链接到 xygk 文件夹下的 xygk. html，应该：

<a href = "/xygk/xygk. html" >学院概况</a>

步骤二：在站点中添加、删除文件夹

（1）打开"文件"面板

选择"窗口"菜单下的"文件"命令。

（2）创建文件夹

选择要创建的子文件夹的目标文件夹，单击鼠标右键，在弹出的快捷菜单中选择"新建文件夹"命令，如图 1-40 所示。

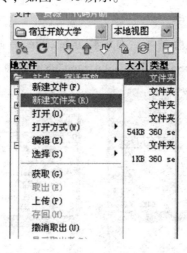

图 1-40 在"文件"面板中新建文件夹

（3）命名或重命名文件夹

为新建的文件夹添加一个名称，如"images"，按回车键确认。要修改原有文件夹名称可将其选中按"F2"键进行，如图1-41所示。

（4）删除文件夹

选中"images"文件夹单击鼠标右键，在弹出的菜单中选择"编辑"中的"删除"命令，删除后该文件夹及其包含的所有文件都将被删除，如图1-42所示。

图1-41 为新文件夹命名

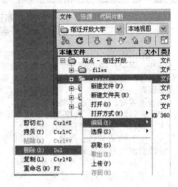

图1-42 在"文件"面板中删除文件夹

步骤三：新建文档

（1）选择"文件"菜单中的"新建"命令或按"Ctrl + N"键，打开"新建文件"对话框，在对话框的左侧选择创建大类，创建普通独立文档，选择"空白页"选项，如图1-43所示。

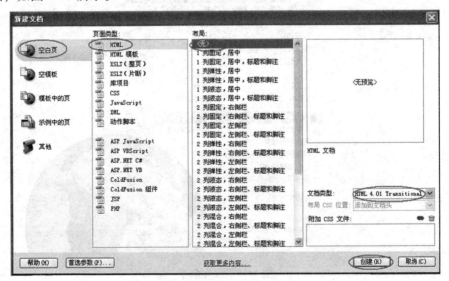

图1-43 "新建文档"对话框

（2）在"页面类型"列表框中选择"HTML"选项，在右侧的"布局"列表框中选择"无"，在右下文的"文档类型"下拉列表框中选择"XTHML 4.0Transitional"文档类型，单击"创建"按钮。

（3）在文档区输入一些文本内容，如图1-44所示。

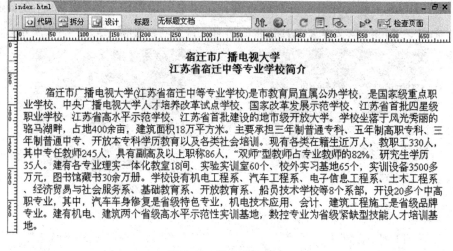

图1-44 输入文本内容

步骤四：保存文档且命名为 index. htm

（1）选择"文件"菜单中"保存"命令，或按"Ctrl + S"键，如图1-45所示。这时会弹出"另存为"对话框，如图1-46所示。

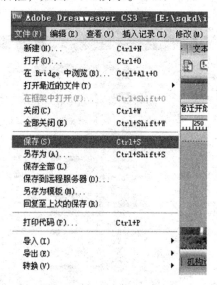

图1-45 保存命令

图 1-46 "另存为"对话框

（2）打开"另存为"对话框，选择保存路径，设置文件名，单击"保存"按钮，如图 1-47 所示。

图 1-47 保存结果窗口

步骤五：预览 index. html 网页

单击文档工具中的"在浏览器中预览/调试"按钮，选择"预览在 IExplore"选项，如图 1-48 所示，或直接按"F12"键，预览网页效果，如图 1-49 所示。

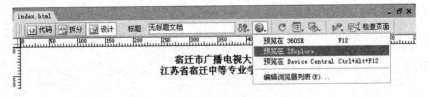

图 1-48 预览网页

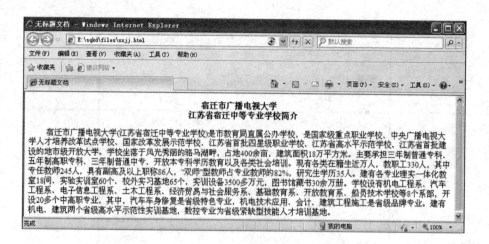

图 1-49 网页预览效果

技能链接

从模板新建文档

用模板可以批量创建具有相同结构及风格的网页。修改用模板创建的文档时，可以通过修改模板来实现批量更新。

（1）选择"文件"菜单的"新建"命令，打开"新建文档"对话框，在对话框左侧选择"模板中的页"选项。

（2）在"站点"列表框中选择模板所属站点，在其右侧对应的"主模板"列表框中选择一种模板样式，单击"创建"按钮即完成一个模板网页文档的创建。

关闭所有文档

（1）选择菜单命令

选择"文件"菜单中的"全部关闭"命令，或按"Ctrl + Shift + W"快捷键可关闭所有打开的文档。

（2）选择快捷菜单命令

在文档窗口标题栏单击鼠标右键，在弹出的快捷菜单中选择"全部关闭"命令。

习　　题

一、选择题

1. 下面关于网站制作的说法错误的是(　　)。

A. 首先要定义站点

B. 最好把素材和网页文件放在同一个文件夹下

C. 首页的文件名必须是 index. htm

D. 一般在制作时，站点一般定义为本地站点

2. 在 Dreamweaver 中下面可以用来做代码编辑器的是(　　)。

A. 记事本　　　　　　　　B. Photoshop

C. flash　　　　　　　　 D. 以上都不可以

二、填空题

1. 在 Dreamweaver CS3 中，站点分为_____和_____。

2. 网站中，路径通常有 3 种表示方法，分别是 _____、_____ 和_____。

3. URL 是指_____。

三、操作题

1. 利用学过的知识，在 Dreamweaver CS3 中创建一个本地站点。

2. 在 Dreamweaver CS3 的文件面板中，对创建的站点完成创建新文件、创建新文件夹、复制文件和删除文件等操作。

学习任务四　认识 HTML

知识点

1. 掌握打开、关闭网页文档。

2. 认识 HTML 标记。

3. 了解 HTML 标记书写格式与作用机制。

4. 运用 HTML 标记编写简单的网页。

一、任务引入

上个任务中，小王已经创建一个简单网页，接下小王想更深入认识网页，通过观察网页编辑的代码视图，了解网页与其他文档，如 Word 文档等有什么本

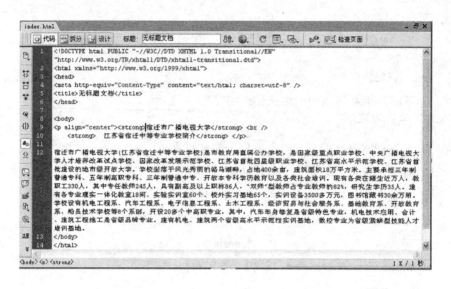

图1-50　任务四效果图

质区别。

二、任务分析

与设计视图不同的是，代码视图中，除了有文本之外，还有一些代码标识，这些代码起什么作用？如何来使用？本任务通过代码视图编写网页，来了解HTML相关知识，学会用HTML编写简单网页，见图1-50。

三、相关知识

（一）HTML概述

HTML（Hypertext Markup Language）即超文本标记语言，是一种用来制作超文本文档的简单标记语言。利用标记描述网页的字体、大小、颜色及页面布局的语言，使用任何的文本编辑器都可以对它进行编辑，与VB、C++等编程语言有着本质上的区别。用HTML编写的超文本文档称为HTML文档，它能独立于各种操作系统平台（如UNIX，Windows等）。

自1990年以来，HTML就一直被用作万维网的信息表示语言，用于描述Homepage的格式设计和它与万维网上其他Homepage的连结信息。使用HTML语言描述的文件，需要通过万维网Web浏览器显示出效果。

（二）HTML编写规则

通常，在编写HTML语言时需要遵守以下语法规则：

（1）HTML文件总是以htm或html作为文件的扩展名。

（2）HTML标签不区分大小写，如<p>与<P>是一样的。

（3）多个 HTML 标签间可以循环嵌套，但不可以交叉嵌套。

（4）HTML 文件一行可以写多个标签，一个标签也可分多行书写，不用加任何续行符。

（5）HTML 文件由浏览器解释时只认标签，并不解释源文件中的换行、回车和多个连续空格。

（三）超文本中的标签

一些用"＜"和"＞"括起来的句子，称之为标签，是用来分割和标记文本的元素，以形成文本的布局、文字的格式及五彩缤纷的画面。

标签可分为：

（1）单标签：只需单独使用就能完整地表达意思

这类标记的语法是：

　　　　＜标签名称＞

最常用的单标签是＜BR＞，它表示换行。

（2）双标签：由"始标签"和"尾标签"两部分构成、成对使用，其中始标签告诉 Web 浏览器从此处开始执行该标记所表示的功能，而尾标签告诉 Web 浏览器在这里结束该功能。始标签前加一个斜杠（/）即成为尾标记。

这类标记的语法是：

　　　　＜标签＞内容＜/标签＞

其中，"内容"部分就是要被这对标签施加作用的部分。

例如，用户想突出对某段文字的显示，就将此段文字放在一对＜em＞＜/em＞标签中：

　＜em＞第一：＜/em＞

（四）标签属性

许多单标签和双标签的始标记内可以包含一些属性，其语法是：

　　　　＜标签名字属性1 属性2 属性3…＞

各属性之间无先后次序，属性也可省略（即取默认值），例如单标记＜HR＞表示在文档当前位置画一条水平线（horizontal line），一般是从窗口中当前行的最左端一直画到最右端。带一些属性：

　＜hr size＝3 align＝left width＝"75％"＞

在实际的编写中，许多标签和一些属性是结合起来使用的，比如：

＜font color＝"#cc6677" size＝36＞文字＜/font＞

＜b＞＜u＞文字＜/u＞＜/b＞

四、任务实施

步骤一：打开文档

（1）选择"文件"菜单中"打开"命令，或按"Ctrl + O"组合键，如图1-51所示。

图1-51　打开命令

（2）在"打开"对话框中选择目标文档路径，在中间列表框中选择文件，单击"打开"按钮，如图1-52所示。

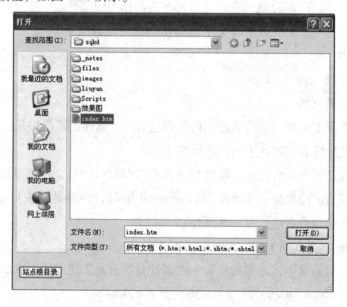

图1-52　"打开"对话框

技能链接

打开文档的其他方法

1. 通过拖动打开文档

在"我的电脑"中选中某个网页文档，按住鼠标左键不放，将其拖动至 Dreamweaver CS3 文档窗口中再释放鼠标即可打开该文档。

2. 在框架中打开文档

有一种特殊的网页叫框架型网页，这种网页由框架集文件和多个嵌入的框架页组成。

（1）在框架集的某个框架中定位插入点，选择"文件"菜单中的"在框架中打开"命令，如图 1-53 所示。

（2）选择目标文档路径，在文档列表中选择文件，单击"确定"按钮。

图 1-53　在框架中打开文档

步骤二：输入网页标题

方法一：在代码视图中第 4 行中 <title></title> 标签中输入"宿迁开放大学 江苏省宿迁中等专业学校"字样，如图 1-54 所示。

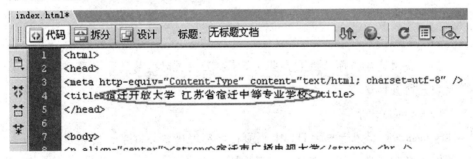

图 1-54　在代码视图输入标题

方法二：撤销上面的操作，切换到设计视图，重新在标题框中输入"缩迁开放力学 江苏省宿迁中等专业学校"字样，如图 1-55 所示。比较两种方法，操作结果是相同的，说明两种方法功能是一样的。

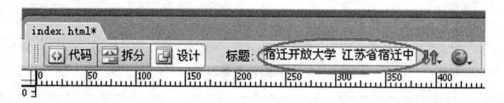

图 1-55　设计视图中标题设置

知识链接

HTML 文档的基本结构

< html >

< meta http – equiv = " Content – Type" content = " text/html； charset = gb2312" >

< title > HTML 文件标题 </title >

</ head >

< body >

HTML 内容信息

</ body >

</ html >

文件头部 < head > </ head > 一般包含标题、< meta >、内联样式表及预定义脚本等内容。

（1）网页标题

显示在浏览器的标题栏上。当浏览者打开网页时，从网页中得到的第一条信息便是网页标题。

（2）< meta > 标记

< meta > 标记用于提供 HTML 网页的字符编码、关键字、描述、作者、自动刷新等多种信息，其属性包括如下选项。

●Name：定义一个数据的名称，一般是一个字符串。

●Content：定义一个数据的属性。

●http – equiv：可用于代替，一般是一个字符串。

●chartset：设置字符与汉字的编码。

技能链接

1. HTTP 标题信息 http－equiv

http－equiv 类似于 HTTP 的头部协议，会返回一些有用信息给浏览器，以帮助浏览器正确和精确地显示网页内容。常用的 http－equiv 属性值有 content－Type、Content － Language、Refresh、Expires、Pragma、Set － Cookie、Window － target、Page－Enter、Page－Exit、MSThemeCompatible 和 Content－Script－Type 等。

（1）设置文档类型与语言属性 Content－Type

浏览器从 content 的属性值中获取网页的语言类型，判断是 HTML 还是 XML，通常设置为 text/html。charset 指明网页中文字使用的字符集。例如，如果是简体中文，charset＝gb2312；如果是繁体中文，则 charset＝big5。

（2）设置自动刷新属性 Refresh

content 属性值是自动刷新的时间或自动跳转的时间，单位是秒。URL 是设置跳转网页的地址。

例如：源码设置为 10 秒后，自动跳转到百度网站。

＜Meta http－equiv＝"Refresh"Content＝"10;Url＝http://www.baidu.com"＞

（3）设置缓存时间属性 Expires

一旦网页过期，必须重新从服务器上载入。content 属性值可设置为时间长度，也可设置为到期的日期，如果设置为日期，日期的格式必须是格林时间。

使用格式如下：

＜Meta http－equiv＝"Expires"Content＝"0"＞

＜Meta http－equiv＝"Expires"Content＝"Sun,23 May 2007 10:05:26 GMT"＞

2. 页面描述信息 name

name 的属性值有 Keywords、Description、Author 和 Robots 等。name 属性主要用来描述页面信息，它是搜索引擎识别的关键所在。

（1）设置描述与关键词属性 Description

Description（页面内容的简介）用来告诉用户搜索引擎网站的主要内容。

Keywords（页面关键字）用于为搜索引擎提供关键字的列表，选择合适的关键字是提高被搜索几率的关键因素。多个关键字之间用逗号隔开，逗号表示逻辑"或"。空格表示逻辑"与"。

（2）设置搜索机器人引向属性 Robots

Robots 属性用于设置搜索机器人的引向。Robots 用来告诉搜索机器人哪些页面需要搜索，哪些页面不需要搜索。Content 的参数有 all、none、index、noindex、follow 和 nofollow，默认为 all。

（3）设置作者信息属性 Author

Author 用于设置作者信息。content 属性值就是作者的相关信息。使用格式如下：

< Meta name = " Author" Content = " Vincent" >

习 题

一、选择题

1. WWW 是什么的意思（　　）。

A. 网页   B. 万维网

C. 浏览器   D. 超文本传输协议

2. 在网页中显示特殊字符，如果要输入 " < "，应使用（　　）。

A. lt;   B. ≪   C. &l t   D. <

3. 以下有关列表的说法中，错误的是（　　）。

A. 有序列表和无序列表可以互相嵌套

B. 指定嵌套列表时，也可以具体指定项目符号或编号样式

C. 无序列表应使用 UL 和 LI 标记符进行创建

D. 在创建列表时，LI 标记符的结束标记符不可省略

4. 以下关于 FONT 标记符的说法中，错误的是（　　）

A. 可以使用 color 属性指定文字颜色

B. 可以使用 size 属性指定文字大小（也就是字号）

C. 指定字号时可以使用 1～7 的数字

D. 语句 < FONT size = " +2" >这里是 2 号字 </FONT >将使文字以 2 号字显示

5. 以下关于 JPEG 图像格式中，错误的是（　　）。

A. 适合表现真彩色的照片   B. 最多可以指定 1024 种颜色

C. 不能设置透明度   D. 可以控制压缩比例

6. 如果要在表单里创建一个普通文本框，以下写法中正确的是（　　）。

A. ＜ INPUT ＞　　　　　　　　　　B. ＜ INPUT type = " password" ＞

C. ＜ INPUT type = " checkbox" ＞　　　D. ＜ INPUT type = " radio" ＞

7. 以下有关表单的说明中，错误的是（　　　）。

A. 表单通常用于搜集用户信息

B. 在 FORM 标记符中使用 action 属性指定表单处理程序的位置

C. 表单中只能包含表单控件，而不能包含其他诸如图片之类的内容

D. 在 FORM 标记符中使用 method 属性指定提交表单数据的方法

8. 在指定单选框时，只有将（　　　）属性的值指定为相同，才能使它们成为一组。

A. type　　　　　　B. name　　　　　　C. value　　　　　　D. checked

9. 创建选项菜单应使用以下标记符（　　　）。

A. SELECT 和 OPTION　　　　　　B. INPUT 和 LABEL

C. INPUT　　　　　　　　　　　　D. INPUT 和 OPTION

10. 以下有关按钮的说法中，错误的是（　　　）。

A. 可以用图像作为提交按钮

B. 可以用图像作为重置按钮

C. 可以控制提交按钮上的显示文字

D. 可以控制重置按钮上的显示文字

二、操作题

应用 HTML 标记语言创建如图 1-56 所示页面。

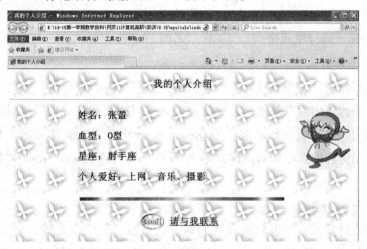

图 1-56　操作题效果图

学习情境二　网页基本布局与设计

本课题开始，小王开始正式设计基本网页，包括网页的表格布局、文字图片素材的编辑、框架网页设计以及超级链接设置等。我们将通过 4 个任务来完成各个知识点的学习，各任务设置如下：

1. 表格布局页面。
2. 设计网页内容。
3. 框架网页设计。
4. 设置超级链接。

学习任务一　表格布局页面

知识点

1. 插入表格。
2. 表格及单元格属性设置。
3. 添加删除行（列）。
4. 合并、拆分单元格。

一、任务引入

创建好站点后，小王开始着手编辑网页。网页内容很丰富，如何将网页中的文本、图像等内容有效地组合成符合设计效果的页面？首先需要对网页进行合理规划与布局。表格和框架都是 Dreamweaver 中重要的页面布局工具。本任务运用表格进行网页布局与设计，完成"学校总览"页面（xyxzl. html）制作，如图 2-1 所示。

二、任务分析

根据设计要求，可以将页面从上到下按页眉、主体和页脚 3 个部分设计，运用表格的添加、删除、拆分、合并等操作对页面进行合理划分，灵活运用嵌套表格将各模块进行独立的分离，保证页面布局后能方便地进行内容的修改、

宿迁开放大学

江苏省宿迁中等专业学校简介

宿迁开放大学（江苏城市职业学院宿迁分院 江苏省宿迁中等专业学校 原宿迁市广播电视大学）是市教育局直属公办学校，是江苏省首批四星级职业学校、江苏省高水平示范学校，国家中等职业教育改革发展示范学校。

学校举办三年制高职（专科）（招收高中毕业生）教育、五年制高职（专科）（招收初中毕业生的）教育和三年制中专教育以及各类非学历培训。在校生一万余人，其中全日制学生4500余人，开放教育学员5900余人。学校设有机电工程系、汽车工程系、电子信息工程系、土木工程系、经济贸易与社会服务系、基础教育系、开放教育系七个系部。开设电子商务、城市轨道交通信号、建筑工程施工、汽车维修、会计、机电技术应用、数控技术、计算机应用等20多个专业，其中汽车车身修复专业为江苏省特色专业，机电技术应用、建筑工程施工、会计专业为省级品牌专业，建筑施工技术实训基地为国家级实训基地，数控实训基地为省级紧缺型技能人才培训基地。

学校校园占地面积400余亩，建筑面积16万多平方米，校园绿树成荫，环境优美，生活设施齐全，公寓WIFI。建有九个校内实训基地，其中建筑工程、机电技术、汽车工程、数控技术实训中心为国家、省重点支持建设的高水平示范性实训基地，有专业实验实训室60个，实训设备总价值3500多万元。现有教职工320余人，其中专任教师267人，高级职称近100人，"双师"型教师占专业教师的100%，硕士研究生40余人，省特级教师1人，省"333"工程培养对象3人，市"135"工程培养对象2人，宿迁市名师3人，宿迁市专业带头人7人，技师18人，高级技师5人。

学校注重校企合作工作，积极促进毕业生高质量就业。学校与京东商城、大地保险、可成科技、中国电信、洋河集团等60余家大型公司、企业合作，开展联合办学，为学生学习、就业提供了有力保障。目前我校毕业生就业率始终100%，毕业生供不应求。

2015年我校继续与苏州工业园区职业技术学院、金肯职业技术学院开展"中职与普通专科'3+3'分段培养"中高职衔接试点工作。"3+3"中专与专科的合作是指前3年在中专学校学习，后3年在专科学校学习，培养高级技术型应用人才。学校五年制高职，可以参加"专转本"考试，升入本科院校继续学习；中职学生可参加对口高考或注册入学，实现读高一级学校的愿望。

学校先后获得"全国职业教育先进单位"、"江苏省职业教育先进单位"、"江苏省职业学校德育工作先进集体"、"江苏省职业学校教学管理先进学校"、"江苏省平安校园"等荣誉称号。2007-2015年在全省职业院校技能大赛中获得奖牌147枚，在宿迁市职业院校技能大赛中，连续7年名列全市总分第一。近两年，教师在省级"示范课"评选中获奖5人，"研究课"获奖25人，在市级"示范课"评选中获奖43人。

学校中职学生不但享受国家免学费政策，同时还可享受学校设立的励志奖学金、校长奖学金等，部分家庭困难的学生还可享受国家助学金。学校还为学生提供勤工俭学岗位，让学生利用课余时间从事一些力所能及的劳动，获得一定的报酬。

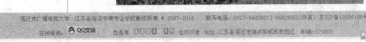

图 2-1　任务效果图

添加、删除。总体布局可以按如图 2-2 所示方案设计。

三、任务实施

步骤一：插入表格

插入一个宽为 1000 像素 2 行 1 列的表格，用来设计页眉部分内容。

（1）在"属性"面板中选择"页面属性"按钮，在打开的"页面属性"对话框的"外观"分类中设置上、下、左、右边距全部为 0 像素。

（2）选择"插入记录"菜单中的"表格"命令，

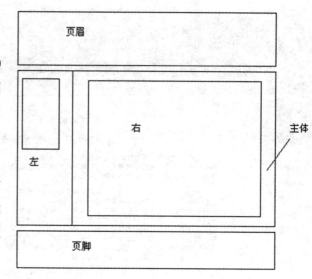

图 2-2　任务一页面表格总体布局

在"表格"对话框的"行数"和"列数"文本框中分别输入"2"和"1"，在"表格宽度"文本框中输入"1000"，在"宽度单位"文本框中选择"像素"单位，单击"确定"按钮，如图 2-3 所示。

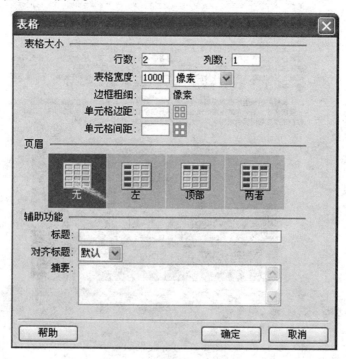

图 2-3　插入"表格"对话框

知识链接

"表格"对话框

1. 行数——表格纵向的单元格数目。

2. 列数——表格横向的单元格数目。

3. 表格宽度——设置整个表格的宽度，其单位有"百分比"和"像素"两种。"像素"表示表格以该固定像素为整个宽度。"百分比"表示表格的总宽度是相对于其他元素的百分比数，表格会随着浏览器窗口大小变化而变化。

4. 标题——用于为插入的表格设置标题文本，如图2-4所示。

5. 边框粗细——边框粗细以像素为单位，最小值为"0"，即不显示边框，如图2-5所示。

6. 单元格边距——单元格内容与单元格边线的距离，以像素为单位，如图2-5所示。

7. 单元格间距——单元格与单元格之间的间隔距离，以像素为单位，如图2-5所示。

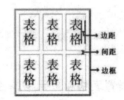

图2-4　表格标题的设置　　　图2-5　边距、间距、边框图示

8. 对齐方式——用于指定表格标题相对于表格的显示位置，有"默认"、"顶部"、"底部"、"左"和"右"5个可选参数值，"默认"和"顶部"方式为表格正上方，如图2-6所示。

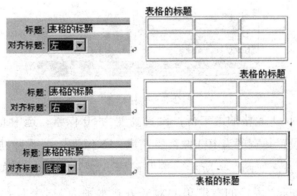

图2-6　表格标题的设置

（3）将光标移到下一行，插入 1 行 3 列表格，在"表格宽度"文本框中都输入"1000"，粗细为"1"，其他值均为"0"，该表格用于布局网页主体内容。

（4）再将光标移到下一行，插入 1 行 1 列表格，在"表格宽度"文本框中都输入"1000"，粗细为"1"，其他值均为"0"，该表格用于布局网页脚内容。结果如图 2-7 所示。

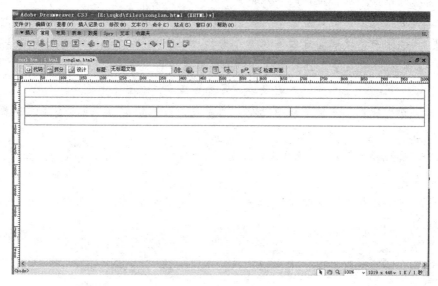

图 2-7　插入表格

步骤二：设置表格和单元格属性

（1）单击状态栏中的表格标签＜table＞，如图 2-8 所示。选中表格，设置表格的"填充"、"间距"、"边框"全为"0"，对齐方式为居中对齐且表格的 ID 为 table1，用同样方法设置其他两表的"填充"、"间距"、"边框"全为"0"，对齐方式为居中对齐，且表格的 ID 分别为 table2、table3。

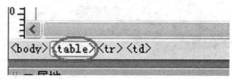

图 2-8　表格标签

（2）选中 table1 表格的第二行，设置高度为 50 像素；选中 table2 表格的第一列单元格，设置其宽度为 190 像素，高度 416 像素，水平为"居中对齐"，垂直为"顶端"对齐，如图 2-9 所示。按照同样方法，设置中间单元格的宽度为 2 像素，设置 table2 表格的右侧单元对齐方式水平为"居中对齐"，垂直为"顶端"对齐。另外，两表 table1、table3 对齐方式为水平居中，垂直也居中。

图 2-9　单元格属性设置

知识链接

一、表格属性面板

1. 表格 ID：为表格添加一个 ID 号，以便与网页脚本程序配合完成相应的页面功能，如图 2-10 所示。

图 2-10　表格属性面板

2. 宽度转换和清除功能按钮

(1)清除行宽按钮；　(2)清除行高按钮；

(3)将表格宽度转换成像素按键；　(4)将表格宽度转换成百分比。

3. 设置对齐方式：用于设置表格相对于其父元素的对齐方法，值有："默认"、"左对齐"、"居中对齐"、"右对齐"。

4. 设置背景颜色：为整个表格添加一种背景色。

5. 设置边框颜色：为整个表格设置边框颜色。

6. 设置背景图像：设置填充整个表格的背景图像。单击其右侧的"浏览文件"按钮可选择背景图像文件。

二、单元格属性面板

单元格属性面板如图 2-11 所示。

图 2-11　单元格属性面板

1. 水平：文本框用来设置单元格内元素的水平排版方式，是居左、居右或是居中。

2. 垂直：文本框用来设置单元格内的垂直排版方式，是顶端对齐、底端对齐或是居中对齐。

3. "高"、"宽"文本框用来设置单元格的高度和宽度。

4. "不换行"复选框：可以防止单元格中较长的文本自动换行。

5. "标题"复选框：使选择的单元格成为标题单元格，单元格内的文字自动以标题格式显示出来。

6. 背景：文本框用来设置表格的背景图像。

7. 背景颜色：文本框用来设置表格的背景颜色。

8. 边框：文本框用来设置表格边框的颜色。

9. 合并按钮□：将多个单元格合并成一个单元格。

10. 拆分按钮匝：将一个单元格拆分成多个单元格。

技能链接

一、选择表格对象的方法

对于表格、行、列、单元格属性的设置是以选中这些对象为前提的。

1. 选中整个表格

选中整个表格的方法是把鼠标放在表格边框的任意处，当出现表格开状加箭头选定标志时单击即可选中整个表格，或在表格内任意处单击，然后在状态栏选中 < table > 标签即可；或在单元格任意处单击，单击鼠标右键在弹出菜单菜单中选择"表格—选择表格"。

2. 选中单元格方法

(1)选中某一单元格：将鼠标移至表格中的目标单元格，按住"Ctrl"键不放单击鼠标左键，可选中该单元格。或者，选中状态栏中的 < td > 标签。

(2)选中连续的单元格：在选中第一个单元格后，将鼠标移到下一个目标单元格，按住"Ctrl"键不放，单击鼠标左键可选中多个非连续的单元格。若按住"Shift"键则可以选中多个连续的单元格。

(3)在需选中区域的左上角单元格按住鼠标左键不放，拖动鼠标至该区域的右下角单元格中，释放鼠标可选中多个连续的单元格。

3. 选中行(列)

(1)将鼠标移至表格中目标列的顶部，当鼠标光标变为垂直向下箭头状态时，单击鼠标可选中该列，如图 2-12 所示。

(2)拖动鼠标可选中连续多行(列)。

（3）选中某行（列）后，将鼠标移至另一行（列）首，按住"Ctrl"键单击该行（列），可同时选中多个不连续的行（列）。

（4）单击标签选择器上的＜td＞＜tr＞标签，可选中当前光标所在的行（列）。

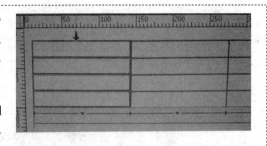

图 2-12　选中表格的列

二、插入、删除行和列

1. 插入行或列：选中要插入行或列的单元格，单击鼠标右键，在弹出菜单中选择"插入行"或"插入列"或"插入行或列"命令，如图 2-13 所示。

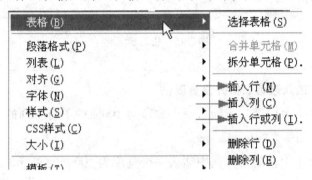

图 2-13　插入行、列命令

如果选择了"插入行"命令，在选择行的上方就插入了一个空白行，如果选择了"插入列"命令，就在选择列的左侧插入了一列空白列。

如果选择了"插入行或列"命令，会弹出"插入行或列"对话框，如图 2-14 所示。可以设置插入行还是列、插入的数量，以及是在当前选择的单元格的上方或下方、左侧或是右侧插入行或列。

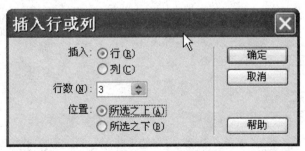

图 2-14　插入行或列对话框

2. 删除行或列：选择要删除的行或列，单击鼠标右键，在弹出菜单中选择"删除行"或"删除列"命令即可。

三、拆分与合并单元格

拆分单元格时，将光标放在待拆分的单元格内，单击属性面板上的"拆分"按钮，在弹出对话框中，按需要设置即可，如图 2-15 所示。

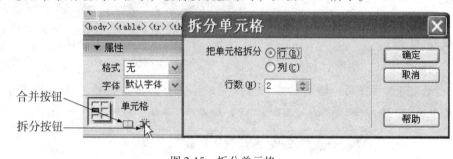

图 2-15　拆分单元格

步骤三：插入嵌套表格并设置属性

1. 在 table1 表格第二行插入一个宽度为 100% 的 1 行 1 列的嵌套表格，并设置表格背景图像为"pic/bj3. jpg"。

2. 在 table2 表格的第一列中插入一个宽度为 100% 的 9 行 2 列的表格，在左侧单元中插入一个宽度 95% 的 1 行 1 列表格，结果如图 2-16 所示。

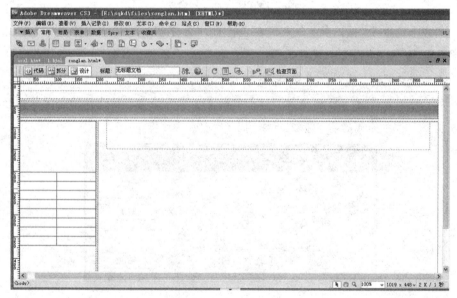

图 2-16　插入嵌套表格

3. 设置底部表格的背景图像为"pic/in_ 05. jpg"，效果如图2-17所示。

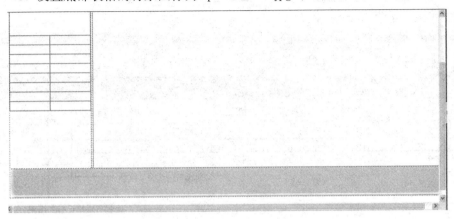

图2-17　底部表格属性设置

🔍 **技能链接**

利用布局表格进行网页布局

除了利用普通表格可实现网页布局，也可在布局视图中，用可视化的方法在页面上绘制复杂表格。在页面上绘制任意数量和大小的表格，而且在表格中的任意位置上也可以绘制任意数量和任意大小的单元格。

（1）切换到表格布局模式。选择"查看"菜单中"表格模式"中的"布局模式"命令，或按"Alt + F6"键，出现"从布局模式开始"对话框，如图2-18所示。

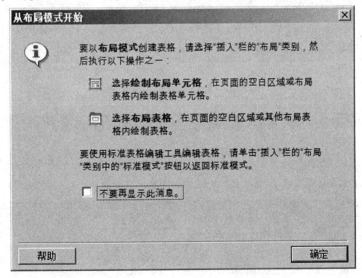

图2-18　"从布局模式开始"对话框

（2）在布局模式中有两个专用按钮"绘制布局表格"按钮和"绘制布局单元格"按钮，如图2-19所示。

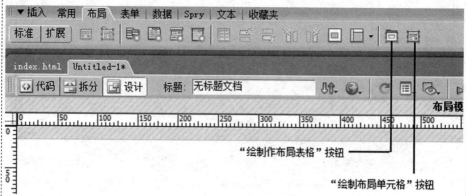

图2-19 "布局"插入栏

（3）在布局模式下，将插入栏切换到"布局"分类下，单击"绘制布局表格"按钮，在文档窗口中按住鼠标左键不放拖动鼠标绘制布局表格，将页面按需求分割成多个区域。

（4）单击"绘制布局单元格"按钮，在各布局表格中按页面设计方案在需要插入内容的位置绘制出多个布局表格。

（5）在布局模式下单击布局表格的任何有效区域即可选中布局表格，在"布局表格"属性栏中可以对已存在的布局表格进行属性设置，如图2-20所示。

图2-20 "布局表格"属性面板

（6）在"布局表格"属性栏中表示清除行高，  表示删除所有间隔图像，

表示使单元格宽度一致， 表示删除嵌套，而其他的设置和标准模式下的普通表格是一样的。"布局单元格"属性面板与"布局表格"类似，如图2-21所示。

图2-21 "布局单元格"属性面板

习　题

一、填空题

1. 在 Dreamweaver CS3 中，如果要设置页面属性，应该执行＿＿＿＿＿＿命令。

2. 想要在设计视图中输入空格，首先要按下＿＿＿＿＿＿键，使其处于全角状态，再敲空格键即可。

3. 在一个表格中选择多个连续的单元格，应按＿＿＿＿＿＿键。

二、选择题

1. 关于表格的描述正确的一项是(　　)。

A. 在单元格内不能继续插入整个表格

B. 可以同时选定不相邻的单元格

C. 粘贴表格时，不粘贴表格的内容

D. 在网页中，水平方向可以并排多个独立的表格

2. 在 Dreamweaver CS3 中如果要导入表格数据，必须首先将数据源存储为(　　)格式。

A. 纯文本格式   B. JPEG 格式

C. DOC 格式   D. 表格格式

3. 插入表格对话框中间距表示(　　)。

A. 单元格的外框精细

B. 单元格在页面中所占用的空间

C. 单元格之间的距离

D. 单元格大小

三、判断题

1. Dreamweaver CS3 中可以设置表格预览时边框隐形。(　　)

2. 表格操作中合并前单格中的内容将放在合并后的单元格里面。(　　)

3. 插入鼠标经过图像的步骤是选择"插入"到"交互图像"命令。(　　)

4. 在 Dreamweaver CS3 中，"插入"面板上的图标是往页面中插入相应的页面元素，"属性"面板是用来设置选定的页面元素的属性。(　　)

四、操作题

1. 上网浏览一些网站，看看这些网站是如何运用表格进行网页布局。

2. 灵活运用本任务学习的知识，使用表格布局制作如图 2-22 所示网页。

图 2-22　操作题效果图

学习任务二　设计网页内容

知识点

1. 插入文本并设置其格式。

2. 插入特殊符号。

3. 插入普通图片、动画等媒体元素。

一、任务引入

网页布局好后就可以添加文本、图片、水平线、特殊字符等网页素材，使网页图文并茂，更具吸引力，如图 2-1 所示（略）。

二、任务分析

网页中常见的元素是文本，对文本的操作包括插入、编辑、格式设置、段落设置等；而另一基本元素图像，其操作包括插入图像、设置图像属性、绘制图像热点、对图像进行编辑加工等；另外在网页中还要添加水平线、文本框、特殊符号等网页元素丰富网页的内容。

三、任务实施

步骤一：插入普通文本

（1）将光标定位 toptable 表格的单元格中输入文字，然后在 lefttable 表格相应单元格中输入"学校简介"等标题文字，在 righttale 表格中输入学校简介相关内容的文字，结果效果如图 2-23 所示。

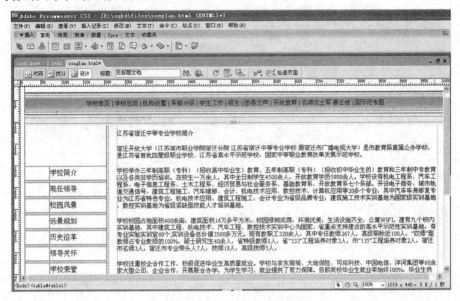

图 2-23　在表格中输入文字

（2）保存文件，按 F12 键预览网页效果，如图 2-24 所示。

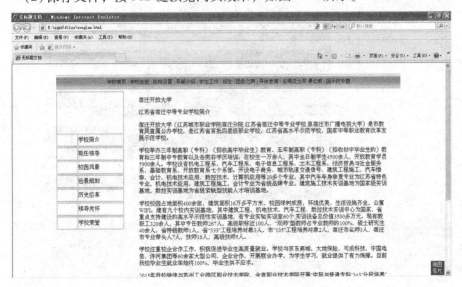

图 2-24　输入文本后网页预览效果

步骤二：文本的基本格式化操作

（1）拖动鼠标选中 righttable 表格中的标题文字，在"属性"面板中设置文字的大小为 16 像素、宋体、加粗、文字居中，效果如图 2-25 所示。

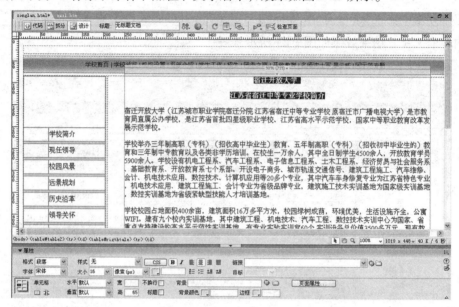

图 2-25　文字格式化

（2）拖动鼠标选中 righttable 表格中的正文文字，在"属性"面板中设置"文本缩进"，效果如图 2-26 所示。

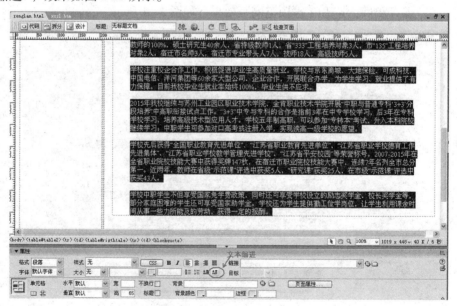

图 2-26　文本缩进设置

知识链接

"文本"属性面板

"文本"属性面板如图 2-27 所示。

图 2-27　"文本"属性面板

1. 字体

用于为文本设置字体，若下拉列表中没有所需字体，可选择列表中的"编辑字体列表"命令，如图 2-28 所示。在"编辑字体列表"对话框中添加其他字体，再在"字体"列表中选择已添加的字体，如图 2-29 所示。

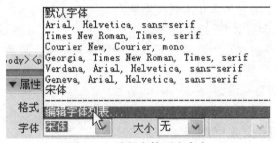

图 2-28　编辑字体列表命令

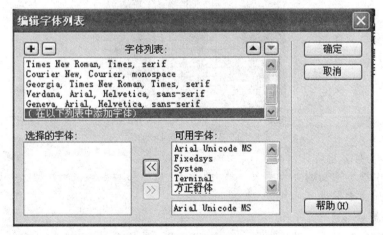

图 2-29　"编辑字体列表"对话框

2. 样式

默认情况下，Dreamweaver 会将文本格式化信息以 CSS 样式存储，并为其命名，该名称将出现在"样式"下拉列表框中，如图 2-30 所示。

图 2-30　样式下拉列表

3. 大小

由大小 大小 12 和单位 像素(px) 两个下拉列表框组成，两者需组合起来才能起作用。

4. 字体颜色

单击颜色按钮可打开颜色选择器，设置字体颜色，如图 2-31 所示，也可在后面的文本框中直接输入十六进制颜色代码。

5. 粗体"*B*"和斜体"*I*"按钮

单击可分别使被选中的文本以粗体、斜体样式显示，再次单击可取消被选中文本的粗体和斜体显示。

6. 对齐方式

文本的对齐方式指文本相对于周围元素的对齐方法，主要有 左对齐、 居中对齐、 右对齐和 两端对齐。

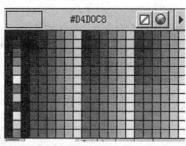

图 2-31　颜色选择器

7. 增加缩进

选中需要增加缩进的文本，单击"文本"属性检查器中的"文本缩进"按钮，即可增加文本缩进。

8. 减少缩进

选中需要减少缩进的文本，单击"文本"属性检查器中的"文本凸出"按钮，即可减少文本缩进。

9. 添加文本列表

输入一行文字内容，然后选中这段文本，单击编号列表按钮将该行文本转换为编号列表项；单击项目编号按钮将文本转换为项目列表项。

步骤三：插入特殊符号

(1)在网页底部的文字中插入一个版权特殊符号，如图2-32所示。

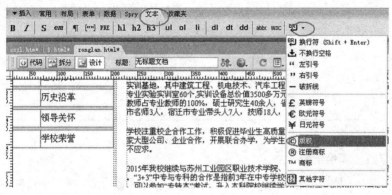

宿迁市广播电视大学 江苏省宿迁中等专业学校版权所有 © 2007-2014 联系电话：0527-84826013 84826052(传真) 苏ICP备10206198号
在线咨询：QQ交谈 您是第 位访问者 地址 江苏省宿迁市湖滨新城高教园区 邮编：223800

图2-32 插入"版权"特殊符号效果

(2)将光标定位在网页最后一行的文字"版权所有"后，将插入栏切换到"文本"分类，单击"字符"按钮组的右边下拉按钮，在打开的列表中选择版权符号，如图2-33所示。

图2-33 插入"版权"特殊符号方法

🔍 **技能链接**

一、插入特殊符号的其他方法

选择"插入记录"菜单下的"HTML"下的"特殊字符"命令，在弹出的子菜单中选择相应的符号。

二、换行、段落和空格

1. 换行

换行是指行与行之间没有空行，可以按"Shift + Enter"键实现，所使用的标签是 < br > 。

2. 段落

段落是指行与行之间有间距，可以按"Enter"键实现，所使用的标签是 < p > 。

3. 空格

在Dreamweaver中直接按"Space"键只能插入一个空格，要想同时插入多个空格必须使用"Ctrl + Shift + Space"键实现，如果选择"编辑"菜单中的"首选参数"命令，打开"首选参数"对话框，在其左侧"分类"列表框中选择"常规"选项，选中右边"编辑选项"栏下的"允许多个连续的空格"复选框，单击"确定"按键即可，如图2-34所示。

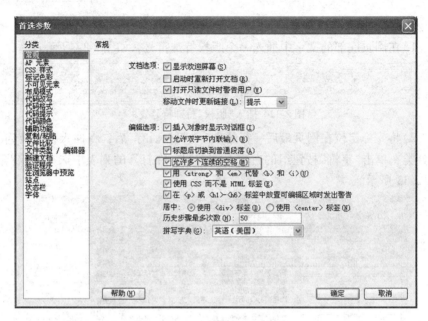

图 2-34 "首选参数"对话框

步骤四：图像编辑

（1）选中 table1 表格的第一单元格，通过属性面板设置"高"为 156，单元格的背景图像为"pic/top2.jpg"，如图 2-35 所示。

图 2-35 设置 Logo 图片

（2）将光标定位在 lefttalbe 表格的第一个单元格中，设置光标垂直为"顶端"，水平为"水平居中"，插入"pic/bz1.jpg"图片并设置图片的宽、高分别为

190、117；然后分别在第二行至第九行的第一个单元格中插入图片"pic/sen_
04.jpg"，如图2-36所示。

图2-36　在lefttable表格中插入图片

（3）将光标定位在righttable表格的文字下方，插入"pic/20145817284201.jpg"的
图片，并设置为居中对齐，如图2-37所示。

图2-37　在righttable表格插入名为"20145817284201.jpg"的图片

知识链接

图像基本属性

图像属性面板如图 2-38 所示。

图 2-38 "图像"属性面板

1. 调整大小

在"宽"文本框中设置宽度，在"高"文本框中设置高度，单位为"像素"。当图像文件的大小被调整，"宽"和"高"文本框将以粗体文本显示，它们后面将出现还原按钮，单击它可将图像恢复到调整前的大小，如图 2-39 所示。

图 2-39 调整大小

2. 设置超链接

包括"链接"文本框和"目标"下拉列表框。

3. "低解析度源"文本框

用于设置在下载主图像之前预先显示解析度较低的图像 URL 地址，此项可不设置。

4. "边框"文本框

用于设置图像边框大小，单位为"像素"，设为"0"时则无边框。

5. "源文件"文本框

用于设置图像文件的相对地址或绝对 URL。

6. "替换"文本框

用于设置图像文件的替换文本，该文本网页被浏览时以鼠标指向时的提示文字显示或在图像载入失败时直接代替图像显示。

7. 设置边距功能

设置边距功能包括"垂直边距"和"水平边距"两个文本框，用于调整图像相对于周围元素的距离。

（4）将光标定位在 table3 表格的第一列单元格中，插入相应图片，如图 2-40 所示。

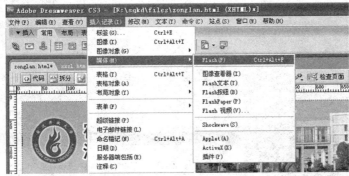

图 2-40 插入"QQ 交谈"图片

步骤五：插入 Flash 动画

操作要求：

（1）将光标定位在 tabe1 表格的第一行第一个单元格中，单击菜单栏中"插入记录/媒体/Flash"命令，如图 2-41 所示。插入"../images/t. swf"动画，结果如图 2-42 所示。

图 2-41 "Flash"动画命令

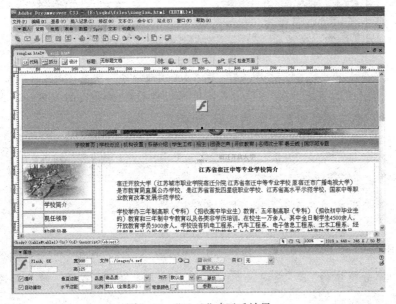

图 2-42 "Flash"动画后效果

技能拓展

一、插入水平线

1. 水平线主要用于分割文本段落、进行页面修饰等。

2. 在目标位置定位插入点，选择"插入记录"菜单下"HTML"的"水平线"命令，将水平线插入到指定位置，如图2-43所示。

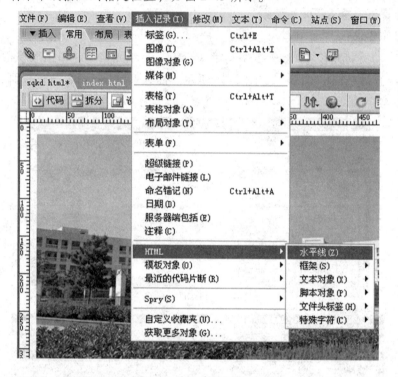

图2-43 插入水平线命令

3. 选中该水平线，在"水平线"属性面板中设置水平线的宽度、高度、对齐方式和阴影等属性参数，如图2-44所示。

图2-44 水平线属性面板

二、插入日期和时间

将光标定位在目标位置，选择"插入记录"菜单下"日期"命令或单击插入栏"常用"分类中的"日期"按钮 ，打开"插入日期"对话框，对日期进行设置，如图2-45所示。

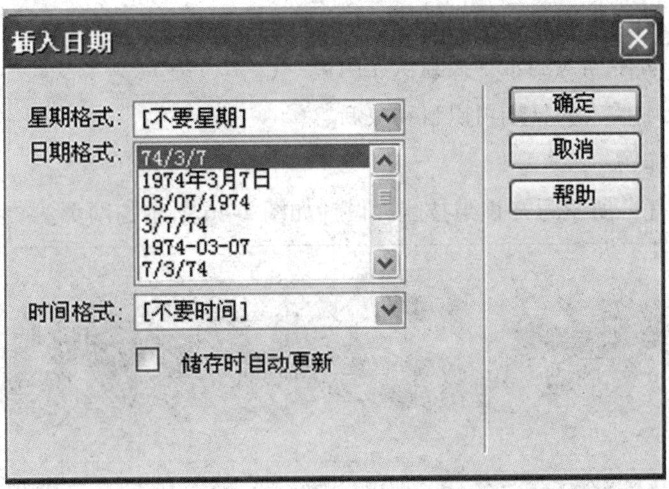

图 2-45　"插入日期"对话框

习　　题

一、填空题

1. 在网页中一般可以使用的图像格式有 _____、_____、

_____。

2. 在网页中插入水平线需单击 _____ 菜单下的 _____ 命令。

3. 图像热点工具有 _____、_____、_____。

二、选择题

1. 在 Dreamweaver CS3 中，下面关于创建图形热区的说法中错误的是

(　　)。

A. 创建热区的按钮只有一种

B. 在图形中可以创建一些热区，并在每个热区上建立了相应的链接

C. 创建热区的按钮有矩形

D. 创建热区的按钮有圆形

2. 在 Dreamweaver CS3 中，调整图像属性按下(　　)键，拖动图像右下方

的控制点，可以按比例调整图像大小。

A. shift　　　　　B. ctrl　　　　　C. alt　　　　　D. shift + alt

3. 在网页中，下面对象中可以添加热点的是(　　)。

A. 帧　　　　　B. 文字　　　　　C. 图像　　　　　D. 任何对象

三、判断题

1. 插入鼠标经过图像的步骤是选择"插入"中"交互图像"命令。(　　)

2. 图像热点上能建立超级链接。（　　　）

3. 在网页中插入的水平线默认无阴影。（　　　）

4. 网页中插入的日期可以自动更新。（　　　）

四、操作题

根据本任务所学习知识与技能，设计如图 2-46 所示的网页。

黄山素有"天下第一奇山"的美称，为道教圣地，传轩辕黄帝曾在此炼丹。徐霞客曾两次游黄山，留下"五岳归来不看山，黄山归来不看岳"的感叹，李白等大诗人在此也留下了壮美诗篇。黄山是著名的避暑胜地，是国家级风景名胜区和疗养避暑胜地。1985年入选全国十大风景名胜，1990年12月被联合国教科文组织列入《世界文化与自然遗产名录》，是中国第二个同时作为文化、自然双重遗产列入名录的风景名胜区。

黄山"四绝"之一的奇松，延绵数百里，千峰万壑，比比皆是。黄山松，分布于海拔800米以上高山，以石为母，顽强地扎根于巨岩裂隙。黄山松针叶粗短，苍翠浓密，干曲枝虬，千姿百态。或倚岸挺拔，或独立峰巅，或倒悬绝壁，或冠平如盖，或尖削似剑。有的循崖度壑，绕石而过；有的穿罅穴缝，破石而出。忽悬、忽横、忽卧、忽起，"无树非松，无石不松，无松不奇"。

黄山"四绝"之一的怪石，以奇取胜，以多著称。已被命名的怪石有120多处。其形态可谓千奇百怪，令人叫绝。似人似物，似鸟似兽，情态各异，形象逼真。黄山怪石从不同的位置，在不同的天气观看情趣迥异，可谓"横看成岭侧成峰，远近高低各不同"。其分布可谓遍及峰壑巅坡，或兀立峰顶或戏逗坡缘，或与松结伴，构成一幅幅天然山石画卷。

自古黄山云成海，黄山是云雾之乡，以峰为体，以云为衣，其瑰丽壮观的"云海"以美、胜、奇、幻享誉古今，一年四季皆可观尤以冬季景最佳。依云海分布方位，全山有东海、南海、西海、北海和天海，而登莲花峰、天都峰、光明顶则可尽收诸海于眼底，领略"海到尽头天是岸，山登绝顶我为峰"之境地。

黄山"四绝"之一的温泉（古称汤泉），源出海拔850米的紫云峰下，水质以含重碳酸为主，可饮可浴。传说轩辕黄帝就是在此沐浴七七四十九日得返老还童，羽化飞升的，故又被誉之为"灵泉"。黄山温泉由紫云峰下喷涌而初，与桃花峰隔溪相望，是经游黄山大门进入黄山的第一站。温泉每天的出水量约400吨左右，常年不息，水温常年在42度左右，对某些病症有一定的功效。

图 2-46　操作题任务效果图

学习任务三　用框架布局网页

知识点

1. 创建、编辑和保存框架框架网页。
2. 设置框架、框架集属性。

一、任务引入

网站中有很多公共内容区域，例如上一个任务中，用户设计的左侧导航中有"学校简介"、"现任领导"、"校园风景"、"远景规划"等栏目，当用户单击相应链接时，对应的内容将显示在右边公共的内容区，如图 2-47 ~ 图 2-49 所示。这时整个页面中只有公共内容区的显示结果是变化的，而页眉、页脚及左侧导航的内容是固定的，如果我们把这些公共区域在每个页面上都创建一次，会增加很多开发量，这个时候用户就可以使用框架。

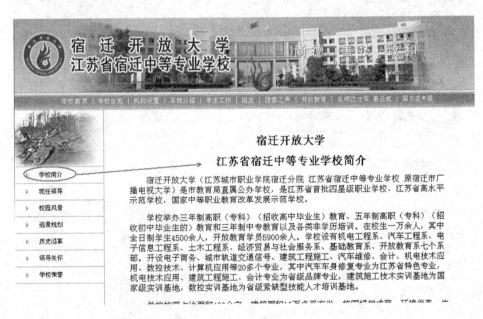

图 2-47　"学校简介"页面

图 2-48 "现任领导"页面

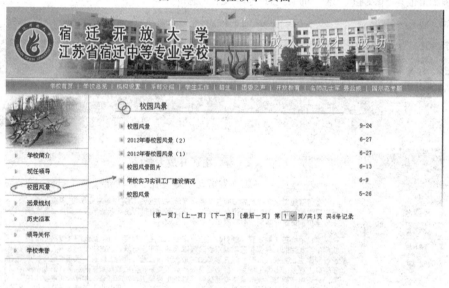

图 2-49 "校园风景"页面

二、任务分析

在制作网页的过程当中，可以使用框架技术将一个浏览器窗口划分为多个区域、每个区域显示不同的网页文档，使用框架最常见的情况就是：一个框架显示包含导航控件的文档，而另一框架显示含有内容的文档。在本任务中可将浏览器窗口划分为 4 个区域，分为顶部区域、左侧导航区域，右侧内容区域和底部脚注区域，如图 2-50 所示。

图 2-50　框架网页布局

三、任务实施

步骤一：建立各框架区域的初始网页

利用表格布局技术设计 4 个区域的初始网页，分别命名为 top. html、left. html、jianjie. html、bottom. html。效果如图 2-51 至图 2-54 所示。

图 2-51　"top. html"预览效果

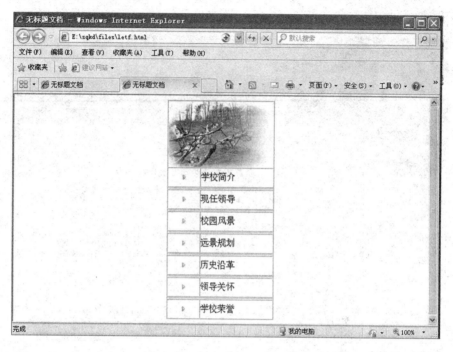

图 2-52　"left. html"预览效果

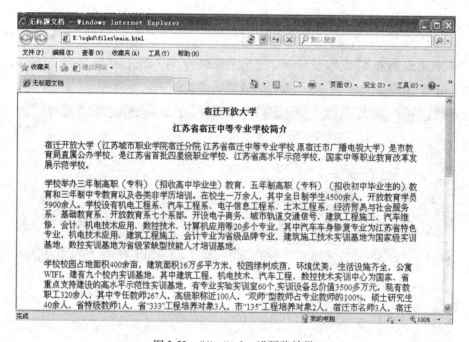

图 2-53　"jianjie. html"预览效果

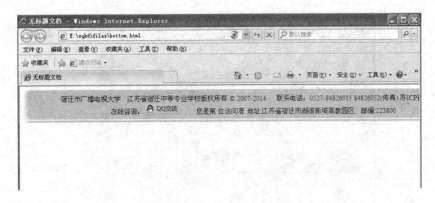

图 2-54　"bottom. html"预览效果

步骤二：创建框架集

（1）选择"文件"菜单中的"新建"命令，在打开的"新建文档"对话框左侧选择"示例中的页"选项，在中间的列表框中选择"框架集"项，在右侧具体框架集样式列表框中选择一种框架集样式，这里选择"上方固定，左侧嵌套"的样式，最后单击"创建"按钮，如图 2-55 所示。

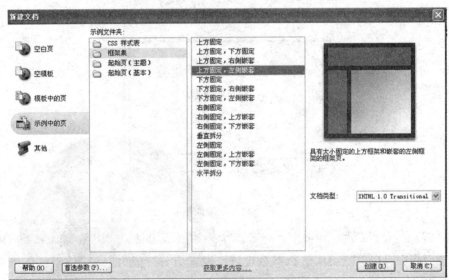

图 2-55　新建框架文档

（2）在打开的"框架标签辅助功能属性"对话框中为每个框架设置相应的框架标题，这里采用默认名称，如图 2-56 所示。

（3）选择"文件"菜单中"保存全部"命令对框架集文档和各框架页的文档进行保存。如果在编辑过程中，只对框架的属性进行修改而未影响各框架页时，可以选择"文件"菜单中"框架集另存为"命令进行保存。

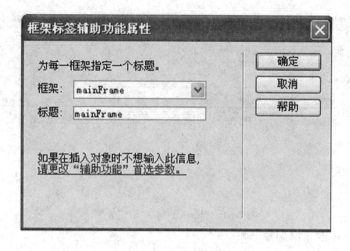

图 2-56 "框架标签辅助功能属性"对话框

步骤三：设置框架集属性

(1) 执行"窗口/框架"命令，打开"框架"面板如图 2-57 所示。

图 2-57 框架面板

(2) 在打开"框架"面板上，单击框架集最外层边框，选中整个框架集，在属性面板中可以对框架集进行参数设置，设置第一行值为"186"像素，单位为"像素"，如图 2-58 所示；设置第二行值"1"，单位为"相对"，如图 2-59 所示。

图 2-58 设置最外层框架的第一行尺寸

图 2-59　设置最外层框架的第二行尺寸

（3）单击 mainFframe 框架集的边框选中子框架集，在属性面板中可以对框架集进行参数设置，设置左列值为"190"，单位为像素，如图 2-60 所示；设置右侧列为列值"1"，单位为"相对"，如图 2-61 所示。

图 2-60　图设置 mainFrame 框架集左侧列宽

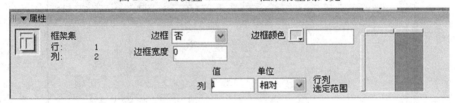

图 2-61　设置 mainFrame 框架集右侧列宽

（4）设置列宽（行高）时的单位有：像素、百分比、相对，其中相对是指当前列（或行）相对于其他列（或行）所占的比例。

步骤四：修改框架集的结构

（1）在要拆分的框架页中定位插入点，将插入栏切换到"布局"分类，单击"框架"按钮组下拉菜单按钮，如图 2-62 所示。

（2）若要删除框架页可将鼠标光标移动至要合并的两个框架页之间的分界线上，待光标变为 ↕ 或 ↔ 形状时，拖动鼠标将光标移动至文档窗口区域之外，可完成框架页的删除，如图 2-63 所示。

（3）拆分最终结果如图 2-64 所示。

步骤五：保存框架

由于一个框架集包含多个框架，每一个框架都包含一个文档，因此在保存框架网页的时候，要将所有的框架网页文档都保存下来。

（1）在主菜单中选择"文件/保存全部"命令，整个框架边框的内侧会出现一

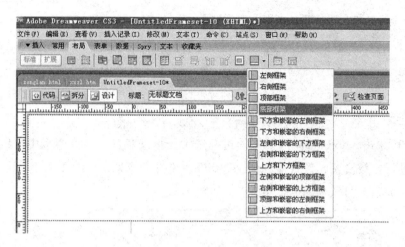

图 2-62　利用命令修改框架集结构

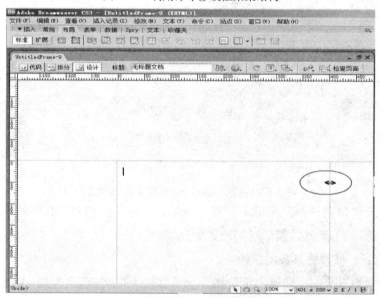

图 2-63　利用拖动法修改框架集结构

个阴影框，同时弹出"另存为"对话框。因为阴影框出现在整个框架集边框的内侧，所以要求保存的是整个框架集，输入文件名将整个框架集保存。接着出现第二个"另存为"对话框，输入文件名继续保存，依此类推。

（2）如果仅仅是修改了某一个框架中文档的内容，可以选择"文件/保存框架"命令进行单独保存。如果要给框架中的文档改名，可以

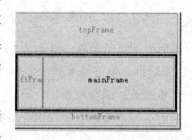

图 2-64　创建的框架集布局结构

选择"文件/框架另存为"命令进行换名保存。如果要把框架保存为模板，可以选择"文件/框架另存为模板"命令进行保存。

步骤六：框架页的设置

（1）按住"Alt"键单击目标框架页将其选中，然后在"框架"属性检查器中修改其属性，如图 2-65 所示。

图 2-65　框架页属性

（2）选中框架页后设置"滚动"和"边框"属性，如图 2-66 所示。

图 2-66　设置"滚动"和"边框"属性

（3）在框架中打开网页：将光标置于顶部框架内，在主菜单中选择"文件/在框架中打开"命令，将在框架内打开已存在的文档。

（4）修改框架中显示初始网页：选中框架，通过属性面板上的源文件设置初始页，如图 2-67 所示。利用同样方法，设置其他框架区域的初始页面并保存，结果如图 2-68 所示。

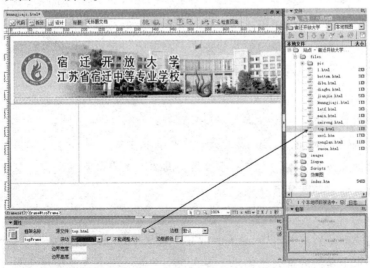

图 2-67　设置框架初始页方法

图 2-68　设置框架初始页效果

知识链接

一、框架、框架集

1. 作用

框架的作用就是把网页在一个浏览器窗口下分割成几个不同的区域，实现在一个浏览器窗口中显示多个 HTML 页面。使用框架可以非常方便地完成导航工作，让网站的结构更加清晰，而且各个框架之间决不存在干扰问题。利用框架最大的特点就是使网站的风格一致。通常把一个网站中页面相同的部分单独制作成一个页面，作为框架结构的一个子框架的内容给整个网站公用。

2. 概念

框架（Frame）：框架是浏览器窗口中的一个区域，它可以显示与浏览器窗口的其余部分中所显示内容无关的网页文件。

框架集（Frameset）：框架集也是一个网页文件，它将一个窗口通过行和列的方式分割成多个框架，框架的多少根据具体有多少网页来决定，每个框架中要显示的就是不同的网页文件。

3. 框架文件

当创建框架网页时，Dreamweaver CS3 就建立起一个未命名的框架集文件。一个包含 4 个框架的框架集实际上存在 5 个文件：一个是框架集文件，其他的分别是包含于各自框架内的文件。

4. 标记

只需＜FRAMESET＞＜FRAME＞即可，而所有框架标记要放在一个总起的 html档，这个档案只记录了该框架如何划分，不会显示任何资料，所以不必放入＜BODY＞标记，浏览这个框架必须读取这个档案而不是其他框窗的档案。＜FRAMESET＞是用以划分框窗，每一框窗由一个＜FRAME＞标记所标示，＜FRAME＞必须在＜FRAMESET＞范围中使用。＜FRAME＞标记所标示的框窗永远是按由上而下、由左至右的次序。

＜FRAMESET＞＜FRAME＞：

＜FRAMESET＞称框架标记，用以宣告 HTML 文件为框架模式，并设定视窗如何分割。

＜FRAME＞设定某一个框窗内的参数属性。

＜FRAMESET＞参数设定：

例：

＜frameset cols＝"90，＊"frameborder＝"0"border＝0 framespacing＝"2" bordercolor＝"#008000"＞

说明：COLS＝"90，＊"垂直切割画面(如分左右两个画面)，Rows 后的值接受整数值、百分数，＊则代表占用余下空间。数值的个数代表分成的视窗数目且以逗号分隔。例如 COLS＝"30，＊，50%"表示可以切成 3 个视窗，第一个视窗是 30 pixels 的宽度，为一绝对分割，第二个视窗是当分配完第一及第 3 个视窗后剩下的空间，第三个视窗则占整个画面的 50% 宽度为一相对分割。

ROWS＝"120，＊"表示就是横向切割，将画面上下分开，数值设定同上。唯 COLS 与 ROWS 两参数尽量不要同在一个＜FRAMESET＞标记中，因 Netacape 偶然不能显示这类形的框架，尽量采用多重分割。

技能链接

插入内嵌式(浮动)框架

1. 在文档窗口定位插入点后，打开"拆分"视图，将插入栏切换到"布局"分类中，单击")字动框架"按钮插入＜iframe＞标签，如图 2-69 所示。

图 2-69　插入内嵌式框架

2. 按"F9"键打开"标签＜iframe＞"面板组，选择"属性"选项卡，在其面板中设置浮动框架的宽度、高度、边框等参数。

习　题

一、填空题

1. 一个包含 4 个框架的框架集实际上存在＿＿＿＿个文件。

2. 按下＿＿＿＿键，在欲选择的框架内单击鼠标左键可将其选中。

3. 框架集是用＿＿＿＿标识，框架是用 frame 标识。

4. ＿＿＿＿框架是一种较为特殊的框架形式，可以包含在许多元素当中。

5. 只有显示框架集的边框，才能设置边框的以下属性：宽度和＿＿＿＿。

二、选择题

1. 下面关于创建框架网页的描述错误的是＿＿＿＿。

A. 在"起始页"中选择"从范例创建"/"框架集"命令

B. 在当前网页中单击"插入"面板中的"框架"工具按钮

C. 在主菜单中选择"查看"/"可视化助理"/"框架边框"命令显示当前网页的边框，然后手动设计

D. 在主菜单中选择"文件"/"新建"/"基本页"命令

2. 将一个框架拆分为上下两个框架，并且使源框架的内容处于下方的框架，应该选择的命令是＿＿＿＿。

A. "修改"/"框架页"/"拆分上框架"

B. "修改"/"框架页"/"拆分下框架"

C. "修改"/"框架页"/"拆分左框架"

D. "修改"/"框架页"/"拆分右框架"

3. 下面关于框架的说法正确的有＿＿＿＿。

A. 可以对框架集设置边框宽度和边框颜色

B. 框架大小设置完毕后不能再调整大小

C. 可以设置框架集的边界宽度和边界高度

D. 框架集始终没有边框

4. 框架集所不能确定的框架属性是＿＿＿＿＿＿。

A. 框架的大小

B. 边框的宽度

C. 边框的颜色

D. 框架的个数

5. 框架所不能确定的框架属性是＿＿＿＿＿＿。

A. 滚动条

B. 边界宽度

C. 边框颜色

D. 框架大小

三、问答题

1. 如何删除不需要的框架？

2. 如何选取框架集？

四、操作题

根据图 2-70 任务效果图，创建林木论坛框架网页。

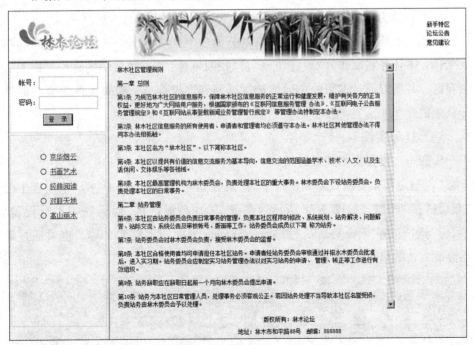

图 2-70　操作题任务效果图

学习任务四　设置超级链接

知识点

1. 创建各种链接方法。
2. 会设计网站导航。
3. 合理设计网站二级页面。

一、任务引入

上一个任务完成框架网页制作，本任务要实现左侧导航栏的功能，即设置超级链接，当单击链接时，将内容显示在右侧内容区域。学院网站中的网页很多，比如主页的导航栏就有"学校总览"、"机构设置"、"国家示范专题"等 11 个栏目，用户可通过这 11 个栏目链接到相应二级页面，进而再链接到更多的页面等，所以链接是网页的灵魂。那超链接的概念、分类及作用到底是什么呢？

二、任务分析

使用框架技术将一个浏览器窗口划分为多个区域、每个区域显示不同的网页文档，本任务将制作好"现任领导"、"校园风景"等子网页链接显示到框架的内容区，并可以通过本页的主导航链接返回到学校首页，同时实现主页中的部分其他链接。

三、任务实施

步骤一：设置文本超级链接

（1）选定框架集网页左侧栏目中的"现任领导"文本，单击"插入"面板中的"超级链接"按钮，如图 2-71 所示。在弹出的"超级链接"对话框中进行设置，"目标"选项选择"mainFrame"（注：mainFrame 为内容区框架名称，也可通过属性修改其他的名称），如图 2-72 所示。

图 2-71　超级链接命令

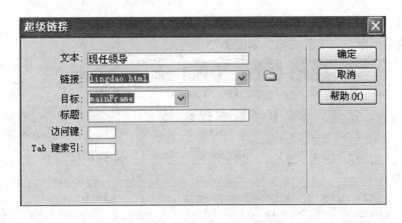

图 2-72　设置文本超级链接对话框

（2）用同样的方法，设置"校园风景"、"历史沿革"等其他几栏目的链接。

（3）选择主导航中"学校首页"，将"学校总览"二级页面链接到首页 index. html。

（4）在首页选择主导航中"学校总览"，设置文本链接到"files/zonglan. html"网页。

步骤二：设置图像超级链接

（1）用鼠标选中首页中部的"党群在线"图像，如图 2-73 所示，然后在"属性"面板的"链接"文本框中输入图像的链接地址"http：//db. sqgzh. com"，链接到相关网站，并在"目标"下拉列表中定义目标窗口的打开方式为"_blank"，以新的浏览器窗口打开网页，如图 2-74 所示。

图 2-73　选择图像

图 2-74　图像属性面板

（2）用同样的方法完成其他几幅图像的链接，实现站点友情链接。

步骤三：设置图像热点超级链接

操作要求：将首页的"江苏教育"图片的部分区域作为链接点。

（1）首先用鼠标选中图像，然后在"属性"面板中单击"地图"下面的矩形或圆形或多边形热点工具按钮，如图2-75所示。

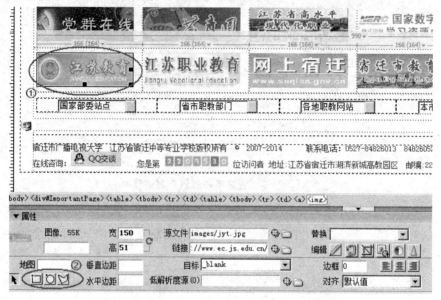

图2-75　选择图像热点工具

（2）将光标移到图像上，按住鼠标左键绘制一个相应的区域，在"属性"面板中设置各项参数即可，如图2-76所示。

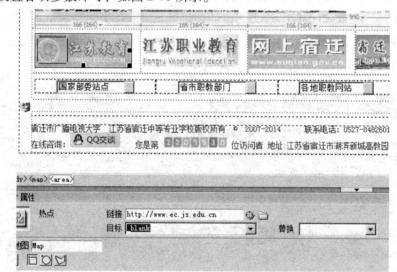

图2-76　建立图像热点

（3）设置页面内链接。如果一个页面中有很多内容，可以通过使用锚记链接来解决。

单击"插入"面板中的"超级链接"按钮，弹出"命名锚记"对话框，进行设置，如图 2-77 所示。

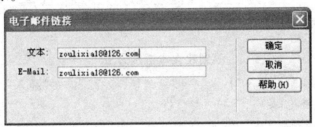

图 2-77　"命名锚记"对话框

（4）邮件链接。单击"电子邮件链接"按钮，弹出"电子邮件链接"对话框，如图 2-78 所示。

图 2-78　"电子邮件链接"对话框

对比使用简单设置与高级设置弹出的邮件软件效果图，可看出只有"收件人"文本框中设置相同，其他的设置都不同。

知识链接

一、链接的概念和类型

1. 概念

超级链接（Hyperlink）可以看做是一种文件的指针，它提供了相关联文件的路径，以指向在本地、网络驱动器或 Internet 上存储的文件，并可跳转到相应的文件；也可以在超级链接中指定跳转到文件中的一个命名位置。

2. 链接的类型

（1）按照使用对象的不同，网页中的超级链接可以分为：文本超级链接、图像超级链接、电子邮件超级链接、锚记超级链接、空链接等。

（2）按照链接地址的形式，网页中的超级链接一般又可分为 3 种。

第一种是绝对 URL 的超级链接，简单地讲就是网络上的一个站点或一个网页的完整路径。

第二种是相对 URL 的超级链接，如将自己网页上的某一段文本或某标题链接到同一网站的其他网页上去。

第三种是同一网页的超级链接，这种超级链接又叫锚记超级链接。

3. 关于链接路径

绝对路径：为文件提供完全的路径，包括适用的协议，例如 http、ftp，rtsp 等。

相对路径：相对路径最适合网站的内部链接。如果链接到同一目录下，则只需要输入要链接文件的名称；要链接到下一级目录中的文件，只需要输入目录名。然后输入"/"，再输入文件名；如链接到上一级目录中的文件，则先输入"../"再输入目录名，文件名。

根路径：是指从站点根文件夹到被链接文档经由的路径，以斜杠开头，例如，/sqkdm/index.html 就是站点根文件夹下的 sqkdm 子文件夹中的一个文件（index.html）的根路径。

技能链接

创建文本链接方法

（1）在主菜单中选择"插入"/"超级链接"命令，或在"插入"/"常用"面板中单击（超级链接）按钮，打开"超级链接"对话框。

（2）用鼠标选中文本，在"属性"面板的"链接"列表文本框中输入链接地址。

（3）在"目标"下拉列表中选择目标窗口打开方式：

"目标"下拉列表中共有 4 项，"_blank"表示打开一个新的浏览器窗口；"_parent"表示回到上一级的浏览器窗口；"_self"表示在当前的浏览器窗口；"_top"表示回到最顶端的浏览器窗口，如果是链接到框架区域，则选择对应的框架的名称。

技能拓展

1. 创建锚记链接

（1）在主菜单中选择"插入记录"/"命名锚记"命令，或者在"插入"/"常用"面板中单击"命名锚记"按钮，打开"命名锚记"对话框，在"锚记名称"文本框中输入锚记名称，如"a"。步骤如图 2-79 至图 2-81 所示。

图 2-79 命名锚记命令

图 2-80　命令按钮

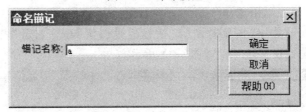

图 2-81　"命名锚记"对话框

（2）用鼠标选中文本，然后在"属性"面板的"链接"下拉列表中输入锚记名称，如"#a"，或者直接将"链接"下拉列表后面的 🌐 图标拖动到锚记名称"#a"上。

（3）如果链接的目标锚记在其他网页中，则需要先输入该网页的 URL 地址和名称，然后再输入"#"符号和锚记名称，如"index. htm # a"、"http：//www. 188. com/index. htm#a"。

2. 创建电子邮件链接

（1）在主菜单中选择"插入记录"/"电子邮件"命令，或在"插入"/"常用"面板中单击"电子邮件"按钮，如图 2-82 所示。打开"电子邮件链接"对话框，如图 2-83 所示。然后进行相应的参数设置，单击"确定"按钮之后，属性面板中的链接框中显示内容如图 2-84 所示。

图 2-82　电子邮件链接按钮

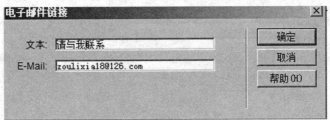

图 2-83　电子邮件链接参数设置

（2）"mailto:"、"@"和"."这 3 个元素在电子邮件链接中是必不可少的。有了它们，才能构成一个正确的电子邮件链接。

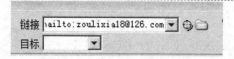

图 2-84   电子邮件链接地址表示

3. 创建鼠标经过图像

使用"插入记录"/"图像对象"/"鼠标经过图像"命令打开"插入鼠标经过图像"对话框进行设置即可，如图 2-85 所示。

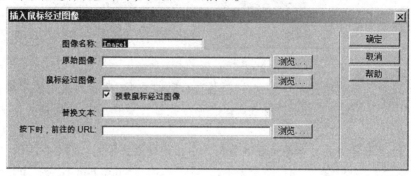

图 2-85   插入鼠标经过图像

4. 创建导航条

使用"插入"/"图像对象"/"导航条"命令打开"插入导航条"对话框进行设置即可，如图 2-86 所示。

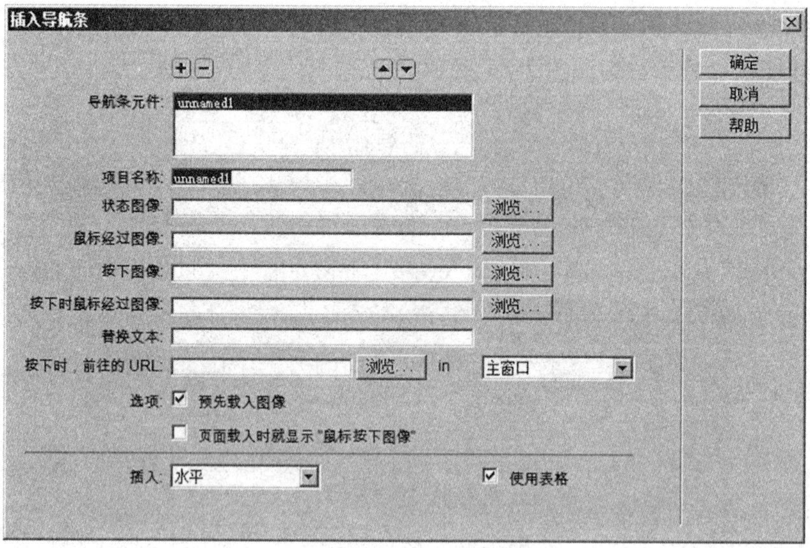

图 2-86   "插入导航条"对话框

习 题

一、填空题

1. 各个网页通过_____相连后，才能构成一个网站。

2. 空链接是一个未指派目标的链接，在"属性"面板"链接"文本框中输入_____即可。

3. "mailto："、"@"和"."这3个元素在_____中是必不可少的。

4. 使用_____技术可以将一幅图像划分为多个区域，并创建相应的超级链接。

5. 使用_____超级链接可以跳转到当前网页中的指定位置。

二、选择题

1. 表示打开一个新的浏览器窗口的是_____。

A.【_ blank】　　　　B.【_ parent】　　　C.【_ self】　　　D.【_ top】

2. 下列属于超级链接绝对路径的是_____。

A. http：//www. wangjx. com/wjx/index. htm

B. wjx/index. htm

C. /wjx/index. htm

D. /index. htm

3. 在"链接"列表框中输入_____可创建空链接。

A. @　　　　　　　B. %　　　　　　　　C. #　　　　　　　　D. &

4. 如果要实现在一张图像上创建多个超级链接，可使用_____技术。

A. 图像热点　　　B. 锚记　　　　　C. 电子邮件　　　D. 表单

5. 下列属于锚记超级链接的是_____。

A. http：//www. yixiang. com/index. asp　　　B. mailto：edunav@ 163. com

C. bbs/index. htm　　　　　　　　　　D. http：//www. yixiang. com/index. htm#a

6. 要实现从页面的一个位置跳转到同页面的另一个位置，可以使用_____链接。

A. 锚记　　　　　B. 电子邮件　　　　C. 表单　　　　　D. 外部

7. 下列命令不能够创建超级链接的是_____。

A. "插入"/"图像对象"/"鼠标经过图像"命令

B. "插入"/"媒体"/"导航条"命令

C. "插入"/"超级链接"命令

D. "插入"/"电子邮件链接"命令

三、问答题

1. 按照使用对象和链接地址的形式，超级链接分别可分为哪几种？

2. 设置锚记超级链接的基本过程是什么？

四、操作题

操作要求：

1. 旅游网站栏目下导航设置站外链接。

2. 设置"旅游分类"为锚记链接。

3. 网页右边几幅图设置图像链接。

4. 顶部图片设置图像热点链接。

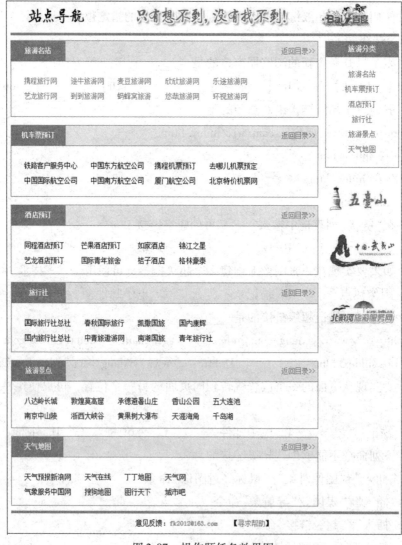

图 2-87　操作题任务效果图

学习情境三　网页整体布局与美化

一个网站内往往几十甚至是几百个网页，为了达到网站所有网页结构统一、美观，必须用 Div + CSS 对网页进行整体格局的设计与美化。从本课题开始，小王就开始为网页穿衣，主要对网站首页内容，包括网页顶部的 Logo、banner、导航、主体内容、友情链接和版权声明等进行布局与设计。我们将通过两大任务来完成各个板块制作，各任务设置如下：

1. 网页整体结构布局。
2. 网页主体内容设计。

学习任务一　网页整体结构设计

知识点

1. 选择器的设置。
2. 常用样式：背景、字体的设计。

一、任务引入

创建好站点后，用户对网页进行 Div 布局的初步划分，然而，如何将页面的这些素材合理美化，用户需依靠功能强大的 CSS 来完成。本任务主要运用 CSS 的基本设置来完成网页整体的初步设计。

二、任务分析

传统的网页布局技术基本上是以表格为主，但现在 Div + CSS 布局技术逐步被广泛使用。本项目以完成学校网站首页主线，根据设计效果图样式，可以将网页分成 3 大块，用 3 个 Div 从上到下进行布局，即将整个页面分为页眉、主体和页脚 3 个部分，分别使用 Div 标签"top"、"content"和"bottom"，如图 3-1 所示。结合 CSS 样式进行布局，介绍使用 Div + CSS 布局网页的基本方法。

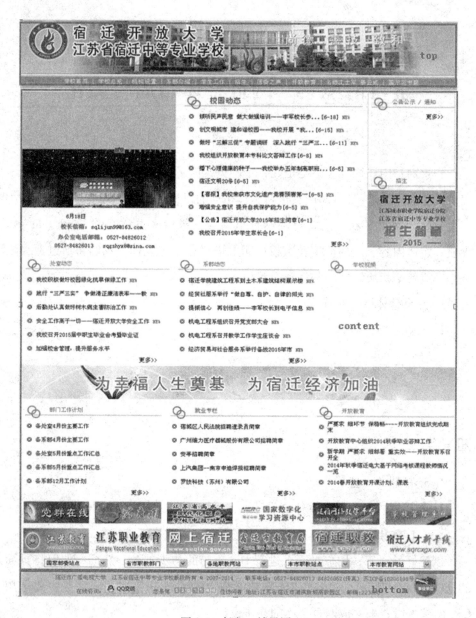

图 3-1　任务一效果图

三、相关知识

(一) CSS 样式

1. 基本概念

CSS 是 Cascading Style Sheets 的缩写，中文译为层叠样式表，用于控制或增强网页外观样式，并且可以与网页的内容相分离。CSS 1.0 由 W3C 工业合作组织于 1997 年首次发布，用于对 HTML 语言功能的补充，1998 年又推出了 CSS

2，进一步增强了 HTML 的语言功能。但由于浏览器之间的差异，各类浏览器对 CSS 的支持并不完全兼容。本书讲解的 CSS 主要针对 IE 用户。在 Web 早期，网页一般用于技术交流，HTML 只用于描述结构和内容。但随着 Web 的流行与发展，漂亮的外观变得格外重要。随着网页越来越复杂，HTML 代码变得越来越繁杂，大量的标签堆积起来变得难以阅读和理解。此时 CSS 的出现为这种状况提供了解决之道。CSS 还原了 HTML 语言原本的描述结构功能，不仅实现了美化页面，还使页面结构变得简洁合理且清晰可读。简单了解 CSS 用于表现网页，控制或增强网页的外观。

2. 引用 CSS

既然 CSS 有如此强大的功能，那么在网页中如何进行引用？一般有下列 4 种方法。

(1)将外部样式表链接到 HTML 文件上。

把外部的样式表文件链接到网页上，从而在网页中使用样式表，使用格式：

<head>

<link rel = stylesheet href = "style. css" type = "text/css">

</head>

(2)将外部样式表导入到 HTML 文件中。

将外部定义好的 CSS 文件引入到网页中，从而在网页中进行应用。但是导入的 CSS 使用@ import 在内嵌样式表中导入，导入方式可以与其他方式进行结合。

(3)将样式表内嵌 HTML 文件中。

把 CSS 样式定义直接放在 < style > … </style > 标签之间，然后插入到网页的头部。

(4)将样式表内联到 HTML 文件行中。

把样式直接定义在内容标签内部，不需要把代码放在外部文件或网页头部。内联样式表通过 style 属性把 CSS 样式表应用在内容上。其使用格式：

<p style = "color：FF0000；font − size：16" > … </p>

3. CSS 基本语法

其定义的网页外观由一系列规则组成，包括构成、选择符和继承。

(1)构成。CSS 的定义由 3 部分构成：选择符(selector)、属性(properties)

和属性值（value）。基本格式如下：

selector{property：value}

选择符{属性：值}

（2）选择符。CSS 的选择符可以分为 4 种基本类型：标签选择符、ID 选择符、类选择符和特殊选择符。

除了基本类型外，还可以把基本类型的选择符组合使用。

（3）继承性，也称层叠性。样式表的继承规则是，外部的元素样式会保留下来继承给这个元素所包含的其他元素。事实上，所有在元素中嵌套的元素都会继承外层元素指定的属性值。也可把很多层嵌套的样式叠加在一起。

（4）特殊选择符——伪类。伪类可看做是一种特殊的类选择符，是能被支持 CSS 的浏览器自动识别的特殊选择符。其最大的用处是，可以对链接在不同状态下的内容定义不同的样式效果。

（二）Div 标签

在现代网页布局中，Div 是经常使用到的。但 Div 本身只是一个区域标签，不能定位与布局，真正定位的是 CSS 代码。

Div 标签是用来为 HTML 文档内大块的内容提供结构和背景的元素。Div 的起始标签和结束标签之间的所有内容都是用来构成这个块的，其中所包含元素的特性由 Div 标签的属性或样式表格式化这个块来进行控制。Div 标签称为区隔标记，作用是设置文本、图像、表格等元素的摆放位置。当把文本、图像或其他的内容放在 Div 中，它可称作为"Div block"。

四、任务实施

步骤一：链接 CSS 文件

（1）单击"窗口"菜单，弹出下拉菜单，选择"CSS 样式"，或者按快捷键"shift"＋"F11"，如图 3-2 所示。打开"CSS 样式"面板，如图 3-3 所示。

（2）在"CSS 样式"面板空白处单击鼠标右键，选择"新建…"命令，如图 3-4 所示。打开"新建 CSS 规则"对话框，如图 3-5 所示。选择器类型设置为"标签"，"标签"选择设置为"body"，"定义在"设置为"新建样式表文件"，如图 3-6 所示。保存 css 文件放置在站点内，并进行自定义命名"css.css"，如图 3-7 所示。

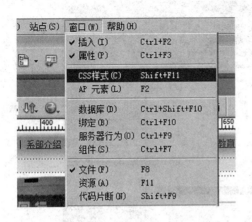

图 3-2 菜单"窗口"下"CSS 样式"命令

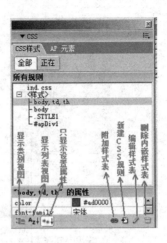

图 3-3 "CSS 样式"面板

图 3-4 "新建 CSS 样式"命令

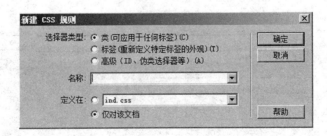

图 3-5 "新建 CSS 规则"对话框

图 3-6　设置标签，选择"body"

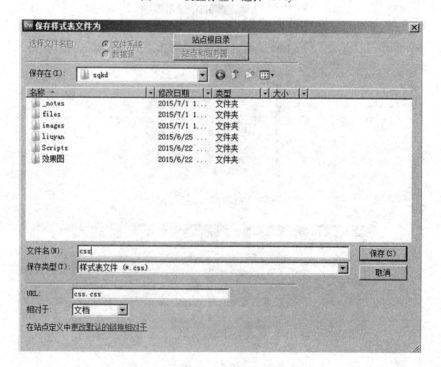

图 3-7　保存样式表文件

技能链接

"新建 CSS 规则"对话框

1. 选择器类型

类，可以设置任何通用规则，名称以"."开头；标签，为文档中标准的 HTML 标签设置 CSS 规则，如 < td >（表格的单元格），可直接选择一种标签；高级，为 ID 或其他类型对象设置 CSS 规则，若是 ID 类型则名称以"#"开头。

2. 名称

当在"选择器类型"中选择"类"时，需要在"名称"下拉列表框中输入以"."开头的自定义名称；选择"标签"类型后，可在"名称"下拉列表框中选择一种 HTML 标签进行设置；当选择"高级"类型时，可在"名称"下拉列表框中选择 < a >系列标签进行设置，如果是 ID 类型，则需要输入以"#"开头的自定义名称。

3. 定义在

默认情况下为"仅对该文档"类型，意为将 CSS 规则保存在当前 HTML 文档中；如果选中"新建样式表文件"单选项，则需输入新建的 CSS 文件的保存路径和名称。

CSS 样式类别

CSS 样式被划分为 3 大类：类（可应用于任何标签）、标签（重新定义特定标签的外观）、高级（ID、伪类选择器等）。

"CSS 规则定义"对话框

（1）"类型"分类：用于定义 CSS 样式的基本字体、类型等属性。

（2）"背景"分类：用于定义 CSS 样式的背景属性，通过该分类可以对页面中各类元素应用背景属性。

（3）"区块"分类：用于定义标签和属性的间距和对齐方式。

（4）"方框"分类：用于定义元素旋转方式的标签和属性。

（5）"边框"分类：用于定义元素的边框，包括边框宽度、颜色和样式。

（6）"扩展"分类：用于设置一些附加属性，包括滤镜、分页和指针选项等，这些属性设置在不同的浏览器中受支持的程度有所不同。

（7）"定位"分类：用于对元素进行定位。

步骤二：设置"body"主体标签的属性

（1）打开"body 的 CSS 规则定义（在 css.css 中）"对话框，选择分类为"类型"，如图3-8所示。设置字体为"宋体"，大小为12px，如图3-9所示。

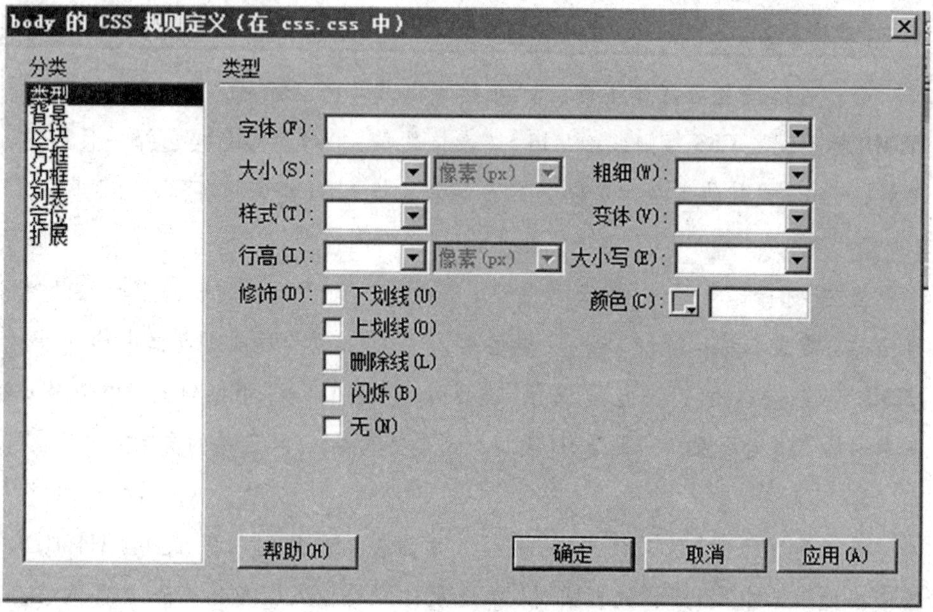

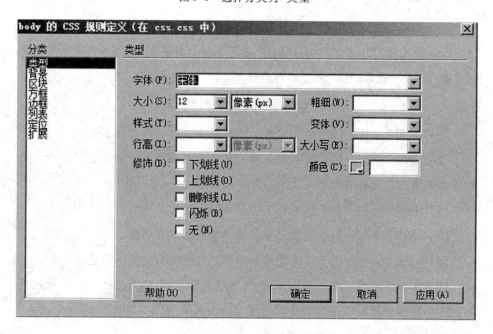

图3-8　选择分类为"类型"

图3-9　设置字体/大小

技能链接

编辑字体列表

系统默认情况下，字体选项没有"宋体"，必须选择"编辑字体列表…"，如图3-10所示。打开编辑字体列表，如图3-11所示，从"可用字体"中选择"宋体"，单击"向左侧添加"按钮，可以增加"宋体"。

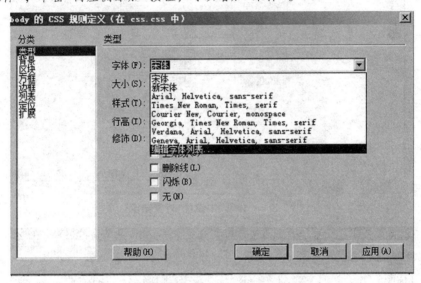

图3-10　选择下拉列表的"编辑字体列表…"

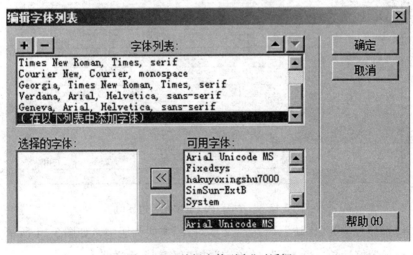

图3-11　"编辑字体列表"对话框

（2）选择分类为"背景"，设置合适的"背景图像"，如"images/bg.jpg"，如

图 3-12 所示。

（3）选择分类为"方框"，设置填充为"0px"，边界为"0px"，如图 3-13 所示。

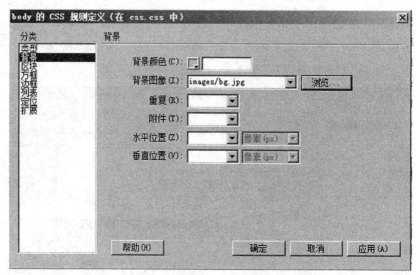

图 3-12 "背景"中设置"背景图像"

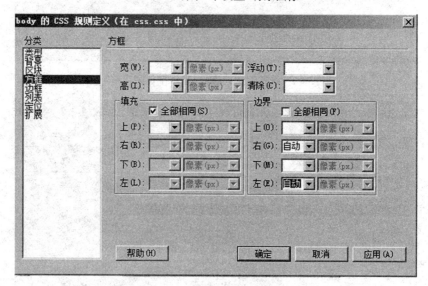

图 3-13 "方框"中设置填充和边界值

（4）选择分类为"区块"，设置"文本对齐"方式为居中，如图 3-14 所示。

（5）设置好后单击"应用"、"确定"按钮保存 body 样式。

步骤三：插入"top"Div 标签

将光标定位在新建主页的起始位置，在菜单栏中选择"插入记录"/"布局对

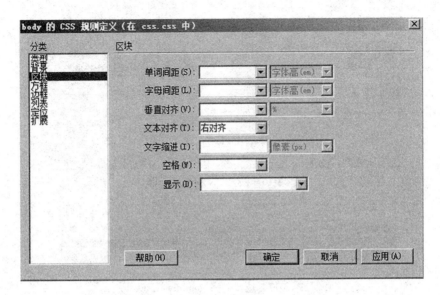

图 3-14　"区块"中设置"文本对齐"方式

象"/"Div 标签"命令，如图 3-15 所示，或在"插入"/"布局"面板中单击 （插入 Div 标签）按钮，打开"插入 Div 标签"对话框进行设置即可。

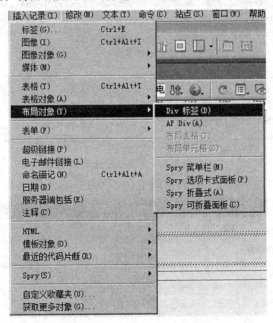

图 3-15　插入 Div 标签命令

步骤四：定义"top"标签的 CSS 样式

（1）光标定位在页面内，选择标签检查器中的以 top 命名的整体 div，如图 3-17 所示。

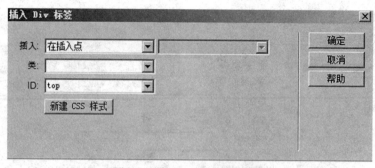

图 3-16　插入 Div 标签对话框

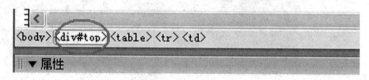

图 3-17　选择名为"top"div 标签

（2）在 CSS 面板中选择"新建"命令，弹出"新建 CSS 规则"窗口，选择器中自动选择"#top"，如图 3-18 所示。

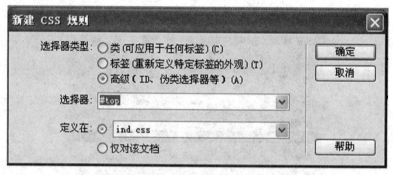

图 3-18　新建 top 样式

（3）设置分类为"背景"，"背景颜色"为"白色"，如图 3-19 所示。

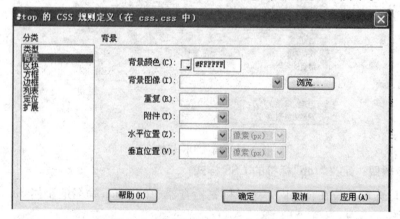

图 3-19　在"背景"中设置背景颜色

（4）设置分类为"区块"，"文本对齐"为"左对齐"，如图3-20所示。

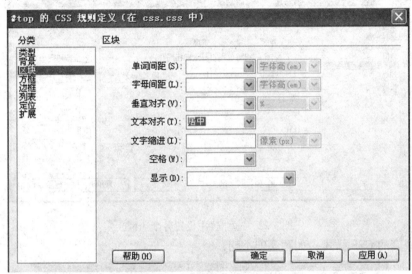

图3-20　"区块"中设置"文本对齐"方式

（5）设置分类为"方框"，"宽"为"1000px"，左右边界设置为"自动"，如图3-21所示。

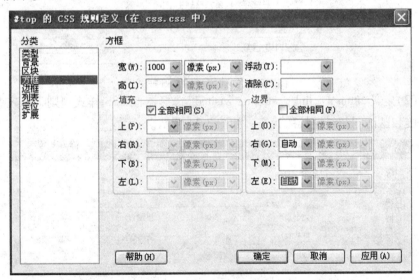

图3-21　"方框"中设置相关属性

（6）设置分类为"边框"，设置边框为"1px"、"虚线"、"白色"，如图3-22所示。

步骤五：定义"top"区块中的超级链接样式

（1）在CSS面板中选择"新建"命令，弹出"新建CSS规则"窗口，选择器类型选择"高级（ID、伪类选择器等）"，在选择器列表框输入"#top a：link，top a：visited"，

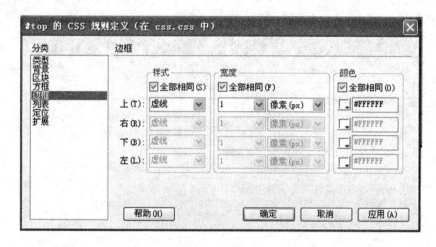

图 3-22 "边框"中设置各个边框

创建嵌套的 CSS 样式，如图 3-23 所示。

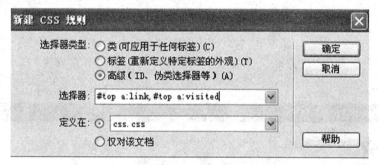

图 3-23 创建嵌套的 CSS 样式

（2）定义"#top a：link，#top a：visited"选择器械 CSS 样式规则，来定义超级链接和已访问超级链接的状态，如图 3-24 所示。

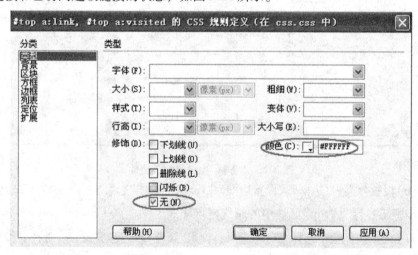

图 3-24 定义"#top a：link，#top a：visited"选择器 CSS 样式规则

（3）同样方法定义"#top a：hover"选择器样式规则，来定义超级链接鼠标悬停时的状态，如图 3-25 所示。

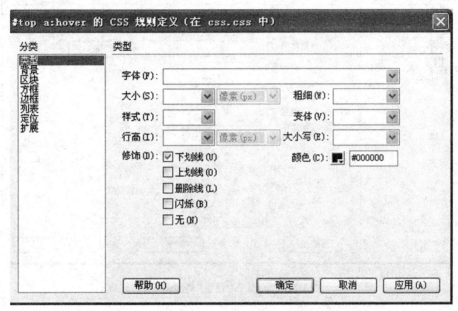

图 3-25　定义义"#top a：hover"选择器样式规则

步骤六：插入名为"content"的 Div 并设置 CSS 样式规划

（1）在菜单栏中选择"插入记录"/"布局对象"/"Div 标签"命令，如图 3-15 所示，或在"插入"/"布局"面板中单击 🔲（插入 Div 标签）按钮，打开"插入 Div 标签"对话框进行相应设置，如图 3-26 所示。

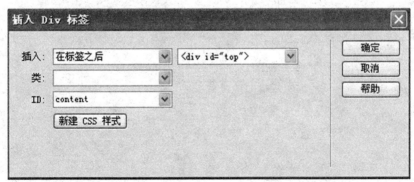

图 3-26　插入"content"的 Div 标签

（2）单击"新建 CSS 样式"，设置"content"Div 标签的 CSS 样式，如图 3-27 至图 3-30 所示。

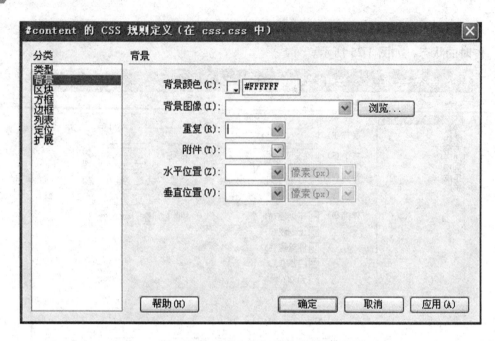

图 3-27 "背景"中设置"背景颜色"

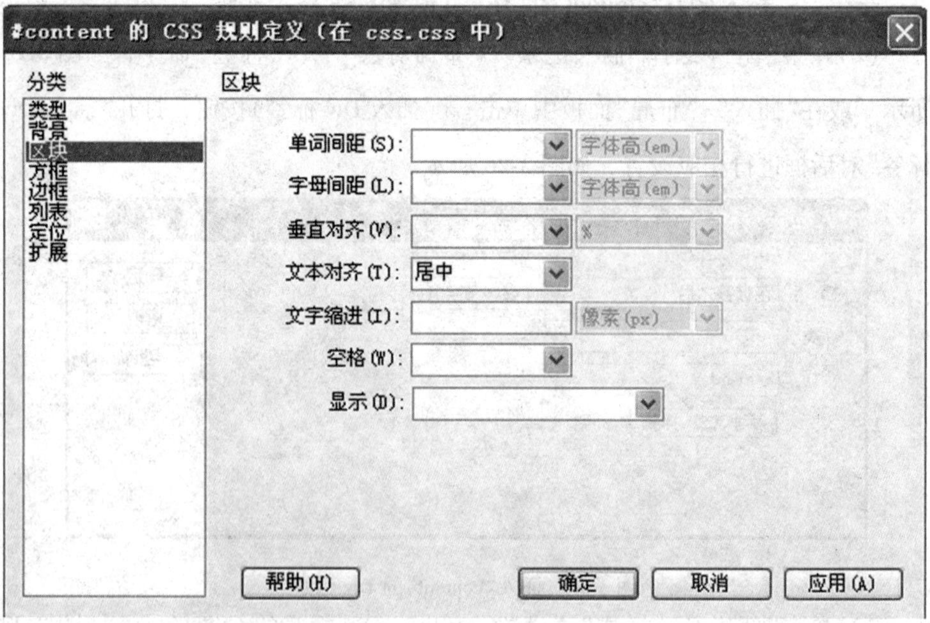

图 3-28 "区块"中设置"文本对齐"方式

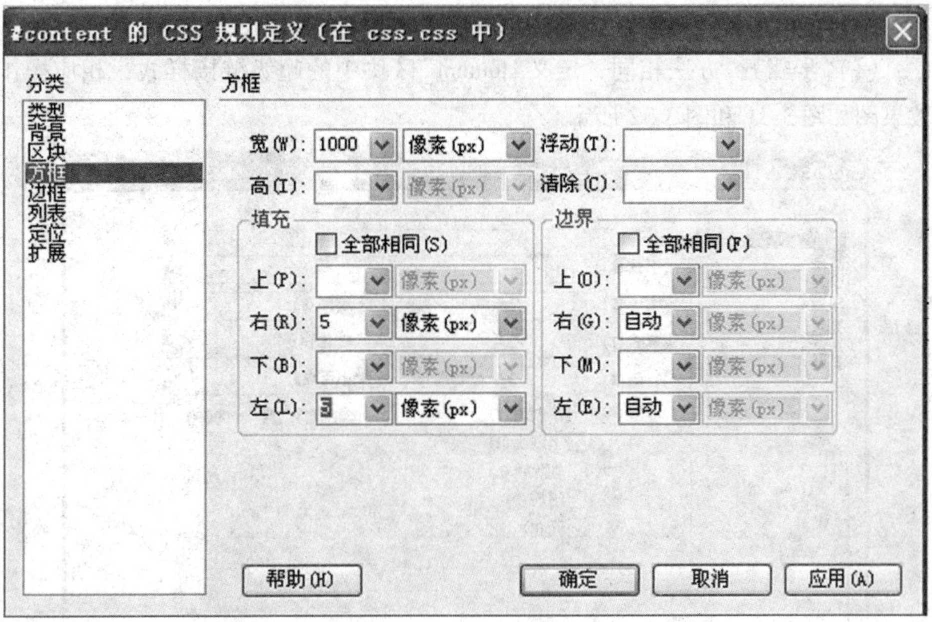

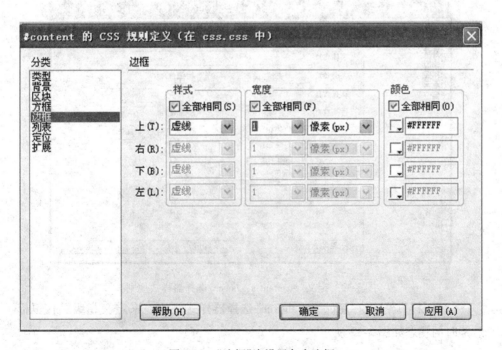

图 3-29 "方框"中设置相关属性

图 3-30 "边框"中设置各个边框

步骤七：定义"tontent"区块中的超级链接样式

(1)"步骤五"方法相同，定义"tontent"区块中的超级链接样式，相应操作效果图如图 3-31 和图 3-32 所示。

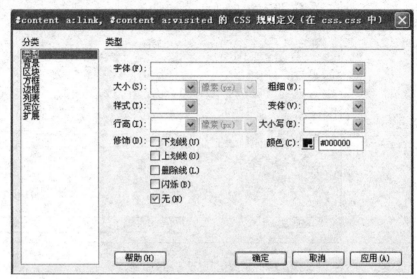

图 3-31　定义"#content a：link，#content a：visited"选择器 CSS 样式规则

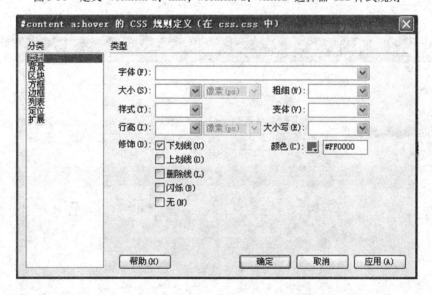

图 3-32　定义"#content a：hover"选择器样式规则

(2)同样方法定义"#top a：ahover"选择器样式规则，来定义超级链接鼠标悬停时的状态如图 3-32 所示。

步骤八：插入"bottom"底部 Div，并设置 CSS 样式

(1)在菜单栏中选择"插入记录"/"布局对象"/"Div 标签"命令，如图 3-15

所示；或在"插入"/"布局"面板中单击 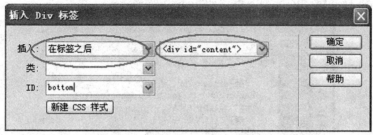（插入 Div 标签）按钮，打开【插入 Div 标签】对话框进行相应设置，如图 3-33 所示。

图 3-33　插入"bottom"底部标签

（2）设置"bottom"标签类型样式，如图 3-34 所示。

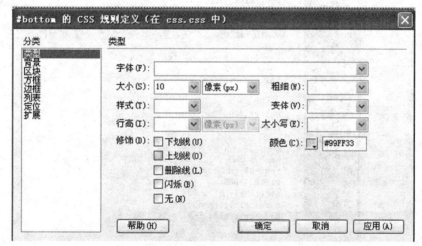

图 3-34　设置"bottom"标签类型样式

（3）设置"bottom"标签边框样式，如图 3-35 所示。

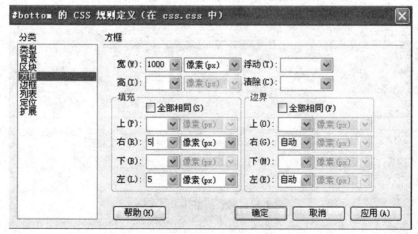

图 3-35　设置"bottom"标签边框样式

步骤九：保存文件，查看 CSS 源码

（1）完成 body 和 Content 后，保存信息，包括 CSS 文件。打开代码视图，可以查看 CSS 样式设计的详细内容，如图 3-36 所示。

```
index.htm*    css.css

〈〉代码  拆分  设计    标题:

 1    @charset "gb2312";
 2    body {
 3        font-size: 12px;
 4        background-image: url(images/bg.jpg);
 5        text-align: right;
 6        margin-right: auto;
 7        margin-left: auto;
 8    }
 9
10    #top {
11        font-size: 12px;
12        margin-right: auto;
13        margin-left: auto;
14        width: 1000px;
15    }
16    #top a:link, #top a:visited {
17        color: #FFFFFF;
18        text-decoration: none;
19    }
20    #top a:hover {
21        color: #000000;
22        text-decoration: underline;
23    }
24    #content {
25        background-color: #FFFFFF;
26        text-align: right;
27        width: 1000px;
28        margin-right: auto;
29        margin-left: auto;
30        padding-right: 5px;
```

图 3-36　CSS 样式文件代码

（2）完成整体的 Div 布局后的 index. htm 页面效果图，如图 3-37 所示。

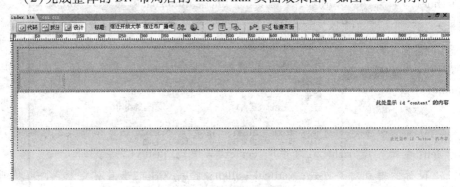

图 3-37　网页的整体 Div 布局

知识链接

CSS 样式

一、CSS 文字样式

Word 可以对文字的字体、大小、颜色等各种属性进行设置。CSS 同样可以对 HTML 页面中的文字进行全方位的设置。

字体：font－family。

文字大小：font－size。

使用数字和度量单位来设置字体的大小时，其中的单位分绝对单位和相对单位，绝对单位有：

（1）px 显示器的像素个数。

（2）mm、cm、in 分别表示毫米、厘米、英寸，使用这类单位，字体大小不随显示器的分辨率而改变。

（3）pt 磅，1 磅＝1/72 英寸，也就是 Windows 系统定义的字体大小单位。

（4）pc 帕，1 帕＝12 磅。

相对单位有：

（1）em 当前字体的原始大小的比例值。

（2）ex 字母"x"的高度，即使设置的是同一字体大小，不同的字母显示的大小也会不同，字母"x"大小一般为设置字体大小的一半。

文字颜色：font－color。

文字粗细：font－weight。

斜体：font－style：用于定义字体样式为 Normal、Italic 或者 Oblique

文字的下画线、顶画线、删除线：font－decoration：用于在文本中添加 underline（下画线）、overline（顶画线）、line－througn（中画线）、blink（闪烁效果），这些设置值可以同时存在，之间用空格隔开。

英文字母大小写：font－transform：允许的取值有：capitalize（单词首字母大写）、uppercase（所有字母转换成大写）、lowercase（所有字母转换成小写）、none（不转换）

二、CSS 段落文字

段落的水平对齐方式：text－align：指定文本的水平对齐方式，取值可以为 left（左对齐）、right（右对齐）、center（居中）、justify（两端对齐）。

段落的垂直对齐方式：vertical－align：指定文本的垂直对齐方式，取值可以为 sub（下标）、super（上标）、top（与顶端对齐）、middle（居中）、bottom（与底端对齐）行间距和字间距：line－height、leeter－spacing

三、背景设置

256×256×256 种 RGB 色彩组成了整个绚丽多姿的网络，任何一个页面都有它的背景色用网页制作来突出其基调，微软的蓝色、Google 的白色、世纪坛的墨绿色、圣诞网站的火红色等都给人们留下很深刻的印象。

页面背景色：background

【示例】用背景色给页面分块

```
< style >
<! --
body{
padding：0px；
margin：0px；
background - color：#ffebe5；/*页面背景色*/
}
. topbanner{
background - color：#fbc9ba；/*顶端 banner 的背景色*/
}
. leftbanner{
width：22%；height：330px；
vertical - align：top；
background - color：#6d1700；/*左侧导航条的背景色*/
color：#FFFFFF；
text - align：left；
padding - left：40px；
font - size：14px；
}
. mainpart{
text - align：center；
}
-- >
</style >
```

背景图片

页面的背景图：background - image：url(   )；

背景图的重复：background - repeat：no - repeat/repeat - x/repeat - y；

背景图片的位置：background - position

固定背景图片：background - attachment：fixed；

习 题

一、填空

1. 使用 CSS 控制网页，通常可使用 3 种方式：内嵌式、_____和_____。

2. CSS 选择器通常有 3 种方式：_____、_____和_____。

二、选择题

1. 通过 CSS 设置文字下划线的属性？（   ）

A. text－decoration：underline；　　　　B. font－weight：bold；

C. color：#f00；　　　　　　　　　　　　D. font－size：16px；

2. 通过 CSS 设置文字字号的属性？（   ）

A. text－decoration：underline；　　　　B. font－weight：bold；

C. color：#f00；　　　　　　　　　　　　D. font－size：16px；

3. 通过 CSS 设置文字粗体的属性？（   ）

A. text－decoration：underline；　　　　B. font－weight：bold；

C. color：#f00；　　　　　　　　　　　　D. font－size：16px；

4. 通过 CSS 设置文字颜色的属性？（   ）

A. text－decoration：underline；　　　　B. font－weight：bold；

C. color：#f00；　　　　　　　　　　　　D. font－size：16px；

5. 通过 CSS 设置背景图片的属性？（   ）

A. background－image：url(13.jpg)；　　　B. background－color：#000；

C. background－position：center；　　　　D. background：#000；

三、简答题

1. 在使用 CSS 中，有 3 种 CSS 选择器，分别写出作用和差别。

2. 什么是 CSS 样式，它的作用是什么？

学习任务二　网页模块内容设计

技能点

1. 学会 Div＋CSS 布局网页的方法。

2. 掌握表格与 Div 相结合的网页设计方法。

一、任务引入

利用 CSS 完成了网页整体的初步设计后，接着从上到下对网页的各个模块进行规划与内容设计，如图 3-38 所示。

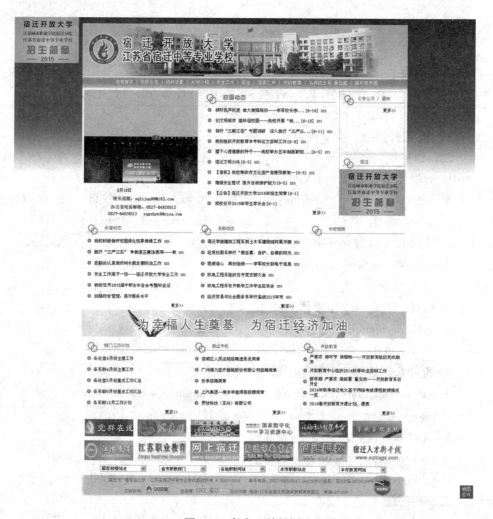

图 3-38　任务二效果图

二、任务分析

使用 CSS 的继承模式对页面效果进行设计，主要采用表格进行局部布局与内容设计。

步骤一：设计 top 的内容及属性

首先设计 top 模块的内容，如图 3-39 所示。

图 3-39　"top"模块效果图

（1）定位光标在标签 top 中，插入一个 2 行 1 列表格，命名为"toptable"，然后选中表格的第一行，设置单元格属性如图 3-40 所示。

图 3-40　Logo 设计

（2）选中"toptable"第二行，设置属性如图 4－41 所示，然后输入文本标题，效果如图 3-42 所示。

图 3-41　主导航属性设置

图 3-42　top 模块设计

（3）选中"学校首页"标题文本，设置超级链接至"file/zonglan. html"二级子网页，然后将其他标题暂设置空链接。

步骤二：设计 content 模块整体布局

Content 模块的内容是网页主体，是网站内容的总览，是宣传学校的关键，内容既要全面，又要精致，是设计门户网站的着重点，下面仍先利用 Div + CSS 进行该模块的整体规划。

（1）定位插入点于 content 中，删除"此处显示 id " content ""文本，然后在菜单栏中选择"插入记录"/"布局对象"/"Div 标签"命令，或在"插入"/"布局"面板中单击 ⊞（插入 Div 标签）按钮，打开"插入 Div 标签"对话框，插入嵌套的 Div 标签"content－1"，如图 3-43 所示。

图 3-43　插入嵌套的 Div 标签"content－1"

（2）设置"content－1"div 的 CSS 样式，如图 3-44 所示。"content－1"将继承"content"Div 的属性。

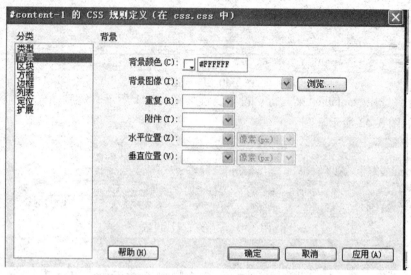

图 3-44　"content－1"标签样式

（3）用同样方法，在"content－1"标签之后插入 6 个 Div 标签，分别命名为"content－2"、"content－3"、"content－4"、"content－5"、"content－6"、"content－7"。结果如图 3-45 所示。

图 3-45　"content"模块的整体布局

步骤三：布局 content－1 模块结构

（1）定位光标在标签 content－1 中，插入一个 2 行 3 列表格，命名为"content－1table"，然后将表格的第一列、第二列和第三列的宽度分别设置为 351、454 和 195 像素，并设置单元格"水平"为"居中"。

（2）将光标定位在"content－1table"表的第一列第二个单元格中，插入一个 4 行 1 列的表，名为"content－1table－1"。

（3）选中"content－1table"表第二列并合并，然后插入一个 12 行 2 列的表

"content – 1table – 2"，分别选中第一行和最后一行进行合并。

（4）选中"content – 1table"表第三列，并合并，然后插入一个 2 行 1 列的表"content – 1table – 3"。

（5）将光标定位在表"content – 1table – 3"第一个单元格，插入一个 2 行 7 列的表"content – 1table – 3 – 1"，分别选中第一行和最后一行进行合并；然后在表"content – 1table – 3"第二个单元格，再插入一个 2 行 1 列的表"content – 1table – 3 – 2"。结果如图 3-46 所示。

图 3-46　标签 content – 1 布局结构

步骤四：设计 content – 1 模块内容

（1）将光标定位在"content – 1table – 1"第一个单元格，插入 Flash 动画"images/Flash. swf"，属性设置如图 3-47 所示，再在下方单元格中输入"校长信箱：sqlijun99@ 163. com"等相应文字。

图 3-47　插入 Flash 动画

（2）定位光标在"content – 1table – 2"表的第一行，设置图景图像"images/sen_ 10. jpg"。选中"content – 1table – 2"的第一列，设置属性如图 3-48 所示。然后输入相应文字和图片。

图 3-48　"content – 1table – 2"的第一列属性设置

（3）按类似的方法，编辑"content－1table－3"表格中的内容。设计结果如图3-49所示。

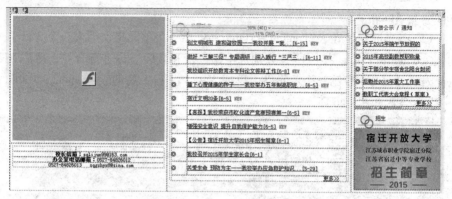

图 3-49　content－1 模块内容设计

步骤五：设计 content 中其他模块内容

按类似的方法，编辑"content"中其他模块内容，如图 3-50 至图 3-54 所示。

图 3-50　content－2 模块内容设计

图 3-51　content－3 模块内容设计

图 3-52　content－4 模块内容设计

图 3-53　content－5 模块内容设计

图 3-54　content－6 模块内容设计

步骤六：bottom 模块布局与设计

最后完成 bottom 模块布局与设计，结果如图 3-55 所示。

图 3-55　bottom 模块布局与设计

习　题

一、填空题

1. CSS 伪类中，a：hover 的作用：_____。

2. 内容与网页元素之间的间隙，在 CSS 中使用_____属性控制。

3. 在 CSS 布局时，通常所说的盒子模型，是由 3 个属性控制，分别是：_____、_____、_____。

4. 多个 HTML 元素使用同一样式时，在 CSS 中可以集中声明，如 H1 和 H2 两个元素，_____｛color：#000；｝。

5. CSS 伪类属性分别有：_____、_____、_____、_____。

二、选择题

1. 通过 CSS 去除无序列列表的符号(　　)。

A. list－style－type：none；　　　　　　B. border：collapse；

C. list－style－type：decinal；　　　　　D. display：block；

2. 通过 CSS 使用图片代替无序列列表的符号(　　)。

A. list－style－type：none；　　　　　　B. list－style－imgage：url(11.jpg)；

C. list－style－type：decinal；　　　　　D. display：block；

3. OnMouseOver 表示的是(　　)。

A. 当属标指针在指定元素上移动时触发该事件

B. 当属标指针移到指定元素上时触发该事件

C. 当属标指针移出指定元素上时触发该事件

D. 当浏览器窗口或框架移动时触发该事件

4. Onclick 表示的是(　　)。

A. 当单击元素时触发该事件

B. 当属标指针移到指定元素上时触发该事件

C. 当属标指针移出指定元素上时触发该事件

D. 当浏览器窗口或框架移动时触发该事件

5. 下面四个事件中，不正确的描述是哪一项。（　　　）

A.【onMouseDown】：当访问者按下鼠标按键时产生（访问者不必释放鼠标按键以产生这个事件）

B.【onMouseMove】：当访问者在指向一个特定元素并移动鼠标时产生（指针停留在元素的边界以内）

C.【onMouseOut】：当指针从特定的元素（该特定元素通常是一个图像或一个附加于图像的链接）移走时产生

D.【onMouseUp】：当鼠标位于特定元素上方时（指针停留在元素的边界以内）产生

6. 通过 CSS 设置背景图片、背景图片不重复并将背景图片放置在右下角的属性？（　　　）

A. background – image：url（13. jpg）；

B. background：url（13. jpg）right bottom；

C. background – position：center；

D. background：url（13. jpg）no – repeat right bottom；

7. 设置某一元素以块级方式显示？（　　　）

A. display：block；　　　　　　　　B. display：none；

C. color：#f00；　　　　　　　　　D. display：inline；

8. 设置元素边框为 1 像素、黑色、实线？（　　　）

A. border：1px solid #F00；

B. border：1px solid #000；

C. margin：1px solid #000；

D. padding：1px solid #000；

9. 通过 CSS 设置重叠块的上下位置的属性（　　　）

A. z – index　　　　　　B. position

C. float　　　　　　　　D. display

三、操作题

根据提供的素材，采用 Div + CSS 布局技术完成"宝贝画展网页"制作，效果如图 3-56 所示。

图 3-56 操作题任务效果图

学习情境四　设计网页动态效果

到目前为止，学校网站的首页基本上完成了，为了使网页更具吸引力，小王还需在网页中添加一些动态的网页效果，通过行为面板、Javascript 语言、Spry 框架来实现。本课题将涉及 AP 元素的创建、CSS 的设定、行为的添加、脚本的运用、Spry 框架的创建、Spry 框架的设置等内容。我们将以 4 个任务来完成本课题的学习。

1. 添加网页提醒框。

2. 创建下拉式跳转菜单。

3. 创建菜单式的导航。

4. 制作浮动的网页广告。

学习任务一　创建提醒框

知识点

1. AP 元素的创建。

2. 创建 CSS。

3. 在 AP 元素中应用 CSS。

4. 为 AP 元素添加行为。

5. 为 AP 元素添加脚本。

一、任务引入

网页打开时"提醒框"出现在浏览器的右下角，可以用鼠标拖动它，当在拖动浏览器滚动条时，"提醒框"会出现在浏览器的右下角，可以通过单击"提醒框"右上角的"×"关闭它(本质上是使它隐藏)，如图 4-1 所示。

二、任务分析

为了完成网页右下角提醒框，暂先不考虑其功能的实现，而先来把它的

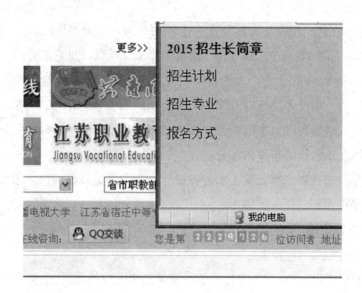

图 4-1 任务一效果图

skin 先实现了,这样也体现出了功能与样式的分离,更为科学,同时也符合思维习惯。

因为"提醒框"是漂在网页的上方,于是我们从 Photoshop 中找到了灵感,可以用层(Dreamweaver CS3 中称其为 AP 元素)来做,因此我们就在网页中创建一个 AP 元素,然后根据要求创建 CSS,并应用到该 AP 元素中。

接着,为设计好的提醒框实现功能,可以分两步走:一个是拖动 AP 元素,一个是控制 AP 元素在界面上的显示。拖动 AP 元素可以通过给 AP 元素添加行为来实现,而控制 AP 元素在界面上的显示,可以通过给 AP 元素添加脚本实现。

三、相关知识

Dreamweaver CS3 中把层称为 AP 元素,所谓 AP(Absolute Position)元素就是分配有绝对位置的 HTML 页面元素,具体地说,就是 div 标签或其他任何标签。AP 元素可以包含文本、图像或其他任何可放置到 HTML 文档正文中的内容。

通过 Dreamweaver,可以使用 AP 元素来设计页面的布局,也可以将 AP 元素放置到其他 AP 元素的前后,隐藏某些 AP 元素而显示其他 AP 元素,以及在屏幕上拖动 AP 元素。

AP 元素通常是绝对定位的 div 标签。它们是 Dreamweaver CS3 在默认情况下插入的各类 AP 元素。但是,可以将任何 HTML 元素(例如,一个图像)作为

AP 元素进行分类，方法是为其分配一个绝对位置。所有 AP 元素（不仅仅是绝对定位的 div 标签）都将在"AP 元素"面板中显示，可以通过它来管理。

在 Dreamweaver CS3 中，无论是添加行为还是直接编写脚本，都要求网页设计师了解行为、事件和动作以及简单的 VBScript 和 JavaScript 的知识。

行为可以理解为网页中的一系列动作，以及实现用户与网页间的交互，它是动作和触发该动作的事件的结合。

事件是附加在浏览器元素上的特殊过程，每个浏览器都提供一组事件。

动作是完成制定任务的脚本。

四、任务实施

步骤一：创建 AP 元素

（1）在 Dreamweaver CS3 中打开学习情境二中完成的网页。

（2）选择"插入"面板的"布局"选项卡，单击其中的"绘制 APDiv"按钮，在设计视图中拖动鼠标绘制一个矩形，这样就在网页中创建了一个 AP 元素，如图 4-2 所示。

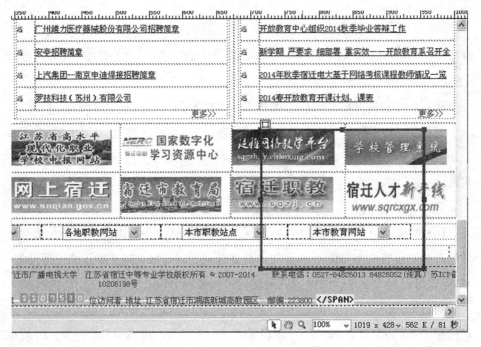

图 4-2　创建 AP 元素

（3）选中该 AP 元素，在属性面板上进行如图 4-3 所示的设置，把该 AP 元素命名为"msg"。

图 4-3　AP 元素的属性面板

技能链接

（1）选择 AP 元素。

方法一，把鼠标指针移动到要选择的 AP 元素边框上，当边框显示为红色时，单击 AP 元素的边框，则选中 AP 元素。

方法二，选择"窗口/AP 元素"（快捷键：F2）命令，弹出 AP 元素控制面板（如图 4-4 所示），在控制面板中单击要选择的 AP 元素名称，则选中了该 AP元素。

（2）AP 元素的堆叠顺序、可见性、大小等属性的设置都可以通过选中要设置的 AP 元素后通过修改其属性面板相应的属性来进行。

图 4-4　AP 元素的控制面板

步骤二：为 AP 元素"msg"的创建样式

（1）选择"窗口/CSS 样式"（快捷键：Shift + F11），打开 CSS 控制面板，如图 4-5 所示。

（2）单击右下角的新建按钮，弹出"新建 CSS 规则"对话框，如图 4-7 所示。按照图上进行相应的设置，然后单击"确定"，这时弹出如图 4-8 所示的对话框。

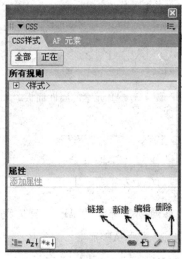

图 4-5　CSS 控制面板

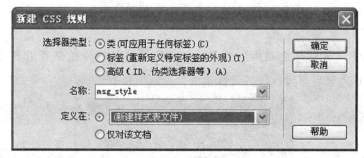

图 4-6　新建样式规则对话框

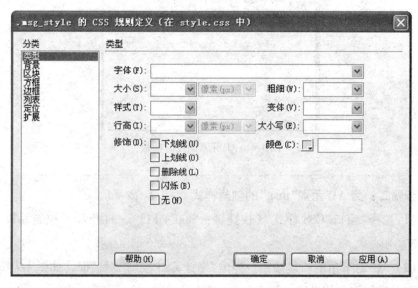

图 4-7　CSS 定义对话框

（3）在"CSS 规则定义"对话框中选择左侧分类中的选项，然后根据要求进行相应的设置，具体设置如图 4-8 ~ 图 4-11 所示，最后单击确定则完成了 . msg_style 样式的定义。

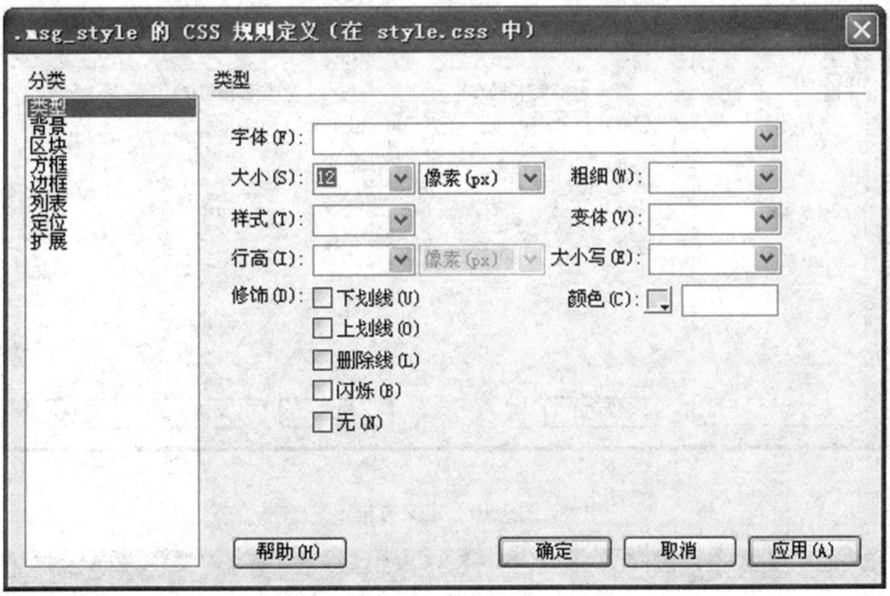

图 4-8 定义类型

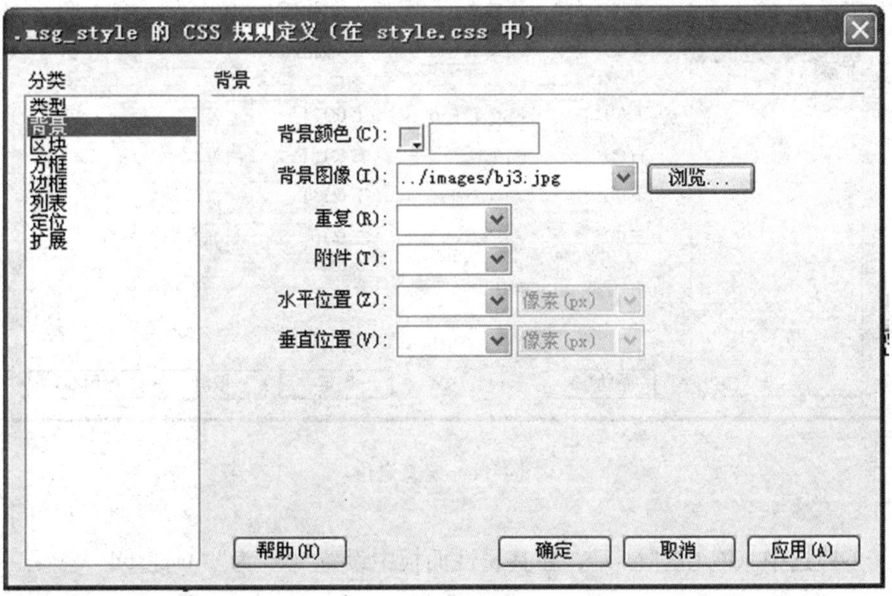

图 4-9 定义背景

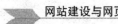

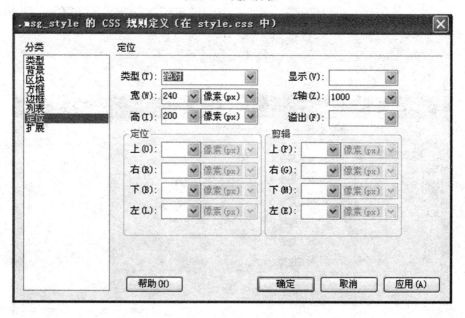

图 4-10　定义方框

图 4-11　定义定位

(4)选中 AP 元素"msg",在其属性面板中设置"类"为". msg_style"。

知识链接

在 Dreamweaver CS3 中定义 CSS 规则小结：在 CSS 中定义继承的样式（参考家谱）。

第一步：定义父样式

(1)根据需要，选择合适的选择器；

(2)命名：定义具体的样式（标签不需要自己命名）。

第二步：定义子样式

(1)选择器类型为"高级"；

(2)命名：名称为(.) + 第一步的名称 + 空格 + (. 类名称)或标签名称；

(3)定义具体的样式。

如有需要定义子孙样式，只要重复第二步即可。

知识拓展

定义嵌入在 AP 元素"msg"中网页元素的 CSS 样式。

步骤三：添加行为

(1)选择"窗口/行为"（快捷键：shift + F4）打开"行为"面板（如图 4-12 所示）。选中状态栏中的"body"标签，然后单击"行为"面板中的添加按钮，这时出现下拉菜单，并选中其中的"拖动 AP 元素"，如图 4-13 所示。

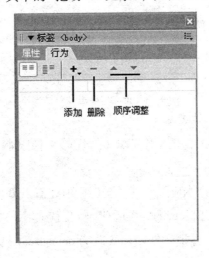

图 4-12　行为面板

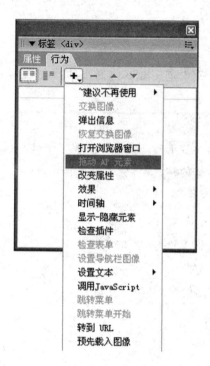

图 4-13　添加行为

（2）这时会弹出一个对话框，如图 4-14 所示，不做修改，单击确定则实现了拖动 AP 元素的功能。

图 4-14　拖动 AP 元素对话框

步骤四：添加、修改脚本

（1）切换到代码视图，把以下脚本（见代码 4-1）复制到 < head > 与 </head >之间。

（2）到这一步为止，本应该实现了功能，但还有点 Bug，进行如下的操作就可以解决这个问题了，把 < body > 中的代码（见代码 4-2）复制到刚才创建的 AP 元素的标签 < div > 中，并把事件 onload 改为 onmouseover，修改后 AP 元素的标签 < div > 见代码 4-3。

代码 4-1：

```
〈SCRIPT LANGUAGE = " JavaScript" > function sc5( )

{document. getElementById ( " msgM). style. top = ( document. documentElement. scrollTop +
document. documentElement. clientHeight – document. getElementById ( Mmsg" ). offsetHeight ) + "
px" ;

document. getElementById( "msgM). style. left = ( document. documentElement.
scrollLeft + document. documentElement. clientWidth – document. getElementById( Mmsg" ).
offsetWidth) + " px" ;

}

</SCRIPT >

< script language = " javascript" > function codefans( )

{

var box = document. getElementById( "msgM) ; box. style. display = Mnone" ;

}

</script >

< SCRIPT LANGUAGE = " JavaScript" > function scall( )

{

sc5( ) ;

}

window. onscroll = scall;

window. onresize = scall;

window. onload = scall;

</SCRIPT〉
```

//说明：代码的作用是让 AP 元素始终在界面上显示

代码 4-2：

函数 sc5( )说明：document. documentElement. scrollTop 滚动条的垂直位置，do(3)mentEle-ment. clientHeight 为浏览器的高度，getElementById（"msg"）. offsetHeight 为 AP 元素"msg"的高度，表达式 document. documentElement. scrollTop + document. documentElement. clientHeight –document. getElementById（"msg"）. offsetHeight 则表示"msg"在当前屏幕最下面，同理 docu-ment. documentElement. scrollLeft + document. documentElement. clientWidth – document. getElementById（"msg"）. offsetWidth 表示"msg"在当前屏幕的最右边，所以"msg"位置始终出现在当前屏幕的右下角。

onload = " MM—dragLa_ yer(´msgV ", 0, 0, 0, 0, true, false, –1, –1, –1, –1, false，false，0，"，false，"）"

代码 4-3：

〈div id = "msg" class = "msg—st_ yle" onMouseOver =

"MM—dragLa_ yer('qq'，'，0，0，0，0，true，false，－1，－1，－1，－1，false，false，

0，'，false，"）" >

知识链接

虽然"行为"可以自动生成一些 Javascript 动态效果，但必定是有限的，更多的效果还是需要通过编译 Javascript 来完成。

Javascript 语言是一种基于对象和事件驱动并具有安全性能的脚本语言，可以直接嵌入在 HTML 文件中，本任务中就使用到了。

习　题

一、选择题

1. 在使用打开浏览器窗口行为时，下面哪一种是无法设置的？（　　）

A. 窗口高度和宽度　　　　　　　B. 窗口的菜单栏

C. 窗口的大小调节手柄　　　　　D. 窗口的坐标

2. 在使用"显示—隐藏层"行为时，要确保"行为"面板中的事件为（　　）。

A. OnLoad　　　　　　　　　　B. OnClick

C. OnMouseOver　　　　　　　D. OnBlur

3. 在使用检查表单行为时，下面哪一项是无法完成的？（　　）

A. 用户名不能为空

B. 在文本框内必须是数字

C. 在文本框内必须填入正确的电子邮件地址

D. 密码长度不能多于 10 个字符

4. 下面关于行为、事件和动作的说法正确的是（　　）。

A. 动作的发生是在事件的发生以后

B. 事件的发生是在动作的发生以后

C. 事件和动作是同时发生的

D. 以上说法都错

5. Dreamweaver 打开行为面板的快捷操作是？（　　）

A. F7   B. Shift + F3

C. F9   D. Ctrl + F3

6. 使用行为时，制作鼠标单击时触发事件，一般我们会将该事件设为(　　)。

A. onClick   B. onError

C. onMouseover   D. onDataAvailable

7. 使用"调用 JavaScript"动作时，若创建"后退"按钮，可输入(　　)。

A. submit   B. reset

C. botton   D. 其他。

8. 若拖动层行为不可用，则下列说法中错误的是(　　)。

A. 选择了一个层   B. 设定的浏览器不支持层

C. 文档中没有添加层对象   D. 选中了 < body > </body > 标记

二、简答题

1. 什么是行为？事件与动作有何关系？

2. CSS 样式的类、标签和高级 3 种选择器类型有什么区别？

三、操作题

利用本任务介绍的方法，做一个动态效果，拖动滚动条时始终在网页左侧中间显示。

学习任务二　创建下拉式跳转菜单

知识点

1. 表单的创建。

2. 表单属性设置。

3. 跳转表单元素使用。

一、任务引入

网站主页底部有一系列的列表菜单，单击"下拉列表"按钮，打开下拉式菜单，单击其中的菜单项，可跳转到相应的网页，如图4-15所示。

二、任务分析

本任务可以用表单来完成。表单是制作动态网页的基础，是用户与服务器之间信息交换的桥梁。一个具有完整功能的表单网页通常有两部分组成：一部

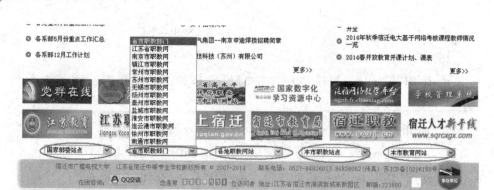

图 4-15　跳转菜单

分是用于搜集数据的表单页面，另一部分是处理数据的服务器端脚本或应用程序。本任务以完成"跳转菜单"为例，学习创建表单网页的基本方法，如何编写应用程序将在后续项目中加以学习。

三、任务实施

步骤一：插入表单域

单击"插入记录/表单/表单"菜单项，如图 4-16 所示。将在页面中插入一个表单域，如图 4-17 所示。

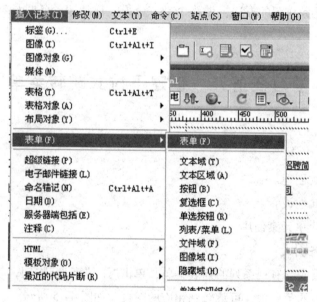

图 4-16　插入表单命令

步骤二：插入跳转菜单表单元素

（1）选择"插入记录/表单/跳转菜单"命令，如图 4-18 所示；将弹出"插入

图 4-17 插入表单域

跳转菜单"对话框，如图 4-19 所示。

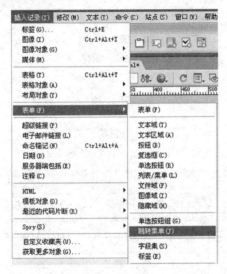

图 4-18 插入跳转菜单命令

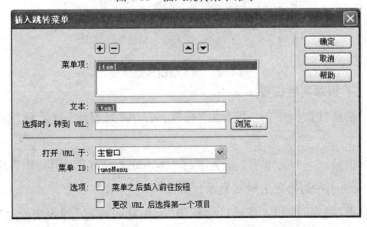

图 4-19 插入跳转菜单对话框

（2）单击 ⊞ ，添加插入菜单项，插入的菜单都会显示在菜单栏中，如图 4-20 所示。

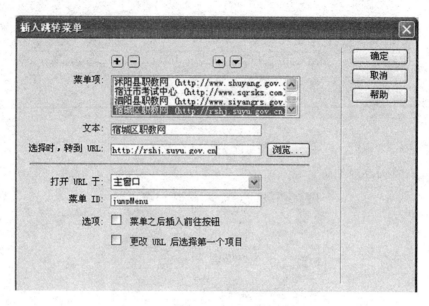

图 4-20　设置跳转菜单项

（3）单击"确定"完成菜单项输入，结果如图 4-21 所示。

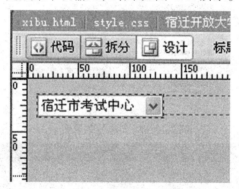

图 4-21　插入的跳转菜单

步骤三：表单属性设置

（1）单击属性面板中的"列表值"按钮，弹出"列表值"对话框，如图 4-22 所示。

（2）单击插入一个菜单项，输入文字"本市职教站点"，用其作为跳转菜单的标题，以便于在初始化的时候显示，如图 4-23 所示。

（3）单击"确定"按钮，在属性面板里"初始化时选定"列表中选择"本市职教站点"选项，将其作为跳转菜单的标题，如图 4-24 所示。

（4）保存网页，这样跳转菜单就制作完成了，效果如图 4-25 所示。

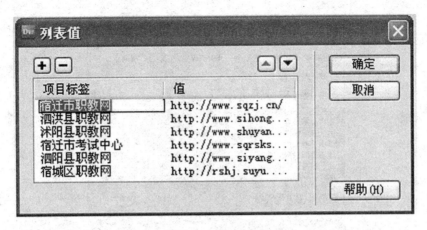

图 4-22　跳转菜单列有值

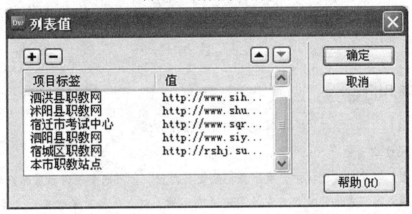

图 4-23　添加标题项

图 4-24　初始化标题

步骤四：插入其余的跳转菜单项

按上述步骤一至步骤三方法，依次完成图 4-15 所示的底端其余的跳转菜单项。

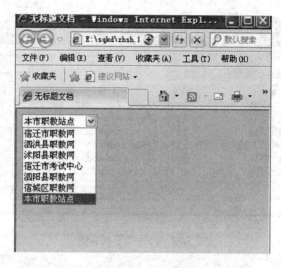

图 4-25　跳转菜单预览效果

知识拓展

其他表单元素使用方法

1. 文字对象

在网页的交互过程中，文字是一个重要内容。如何把文字内容从客户端传送到服务端，表单的文字对象就是传送文字的入口。文本对象有单行文本域、多行文本域和密码文本域，如图 4-26 所示。

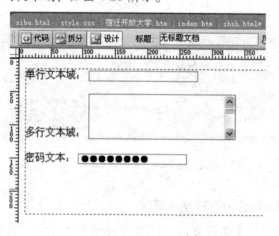

图 4-26　文本对象

（1）单行文本域适用于输入少量文字内容。

按 Ctrl + F3 组合键，打开"属性"面板；在"初始值"文本框中输入"文本内容"，如图 4-27 所示。

图 4-27　文本域"属性"面板

（2）如果需要提交更多的内容，则要用到多行文本域。

选中多行文本域，按 Ctrl + F3 组合键，打开"属性"面板；在"字符宽度"文本框中输入 10，在"行数"文本框中输入 5，在"初始值"多行文本域中输入"多行文本域"，按 Enter 键，如图 4-28 所示。

图 4-28　多行文本域的"属性"面板

（3）密码文本域用于页面密码验证，如图 4-29 所示。

图 4-29　密码的效果

（4）使用隐藏域。有时需要提交预先设置好的内容，但这些内容又不宜显示给用户，因此隐藏域是一个不错的选择，如图 4-30 所示。

图 4-30　隐藏域

2. 选择标签

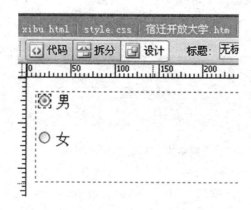

图 4-31　单项选择标签的效果

（1）单选按钮用于在众多选项中只能选取一个。例如，填写个人信息的性别，只能是男或女，不可能同时是男又是女，此时需要用到单选按钮。单选按钮的初始状态是未选中的。修改单选按钮可以改变初始值，如图 4-32 所示。

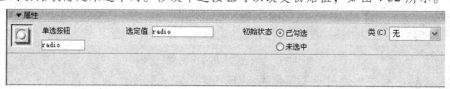

图 4-32　单选按钮属性面板

（2）插入一个单选按钮组，如图 4-33 所示。

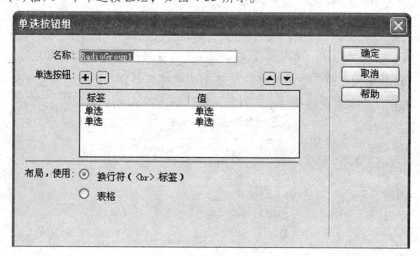

图 4-33　单选按钮组的添加

（3）有时在选择时需要同时选择多个选项，例如用户提交的个人兴趣爱好，可以同时选择音乐、旅游和体育等，此时可以使用复选框，如图 4-34 所示。

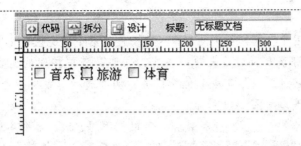

图 4-34　插入多项选择框

3. 列表与菜单

在网页中除了单选按钮和复选框供用户选择，还可以通过列表和菜单的方式提供选择。像应用程序中的菜单一样，可以在很小的空间内为用户提供多种选择和操作，如图 4-35 和图 4-36 所示。

图 4-35　列表值的属性设置

图 4-36　表单元素列表的效果

4. 表单按钮

表单按钮用于控制网页中的表单。提交按钮用于提交已经填写好的表单内容，重置按钮用于重新填写表单的内容，它们是表单按钮的两个最基本的功能。除此之外还可以用作完成其他的任务，例如通过单击按钮产生一个事件，调用脚本程序等，如图4-37所示。

如果需要插入自定义的个性按钮，可以使用图像域，如图4-38所示。

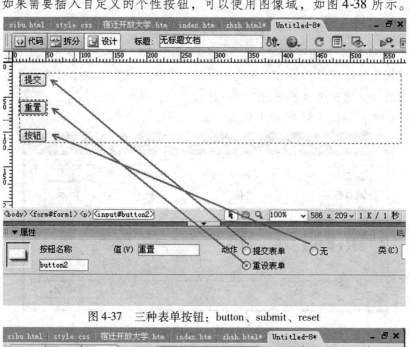

图4-37　三种表单按钮：button、submit、reset

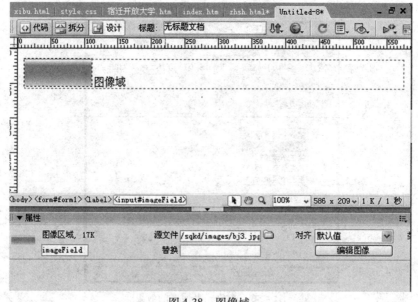

图4-38　图像域

140

5. 文件域和字段集

在网站中需要把文件传送到服务端，从而供用户使用，如相册和演示文件等。此时就需要使用文件域，把客户端的文件上传。为了方便用户的使用，需要把同类表单放在一起，并进行标识，此时需要使用字段集，如图 4-39 所示。字段集能使表单按类进行排放，从而使网页结构更清晰。

文件域用于提交文件，如图 4-40 所示。

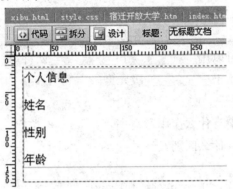

图 4-39 字段集

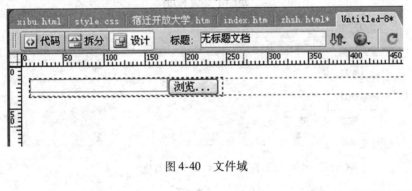

图 4-40 文件域

习 题

一、选择题

1. Dreamweaver CS3 表单常见元素有（　　）。

A. 文本框　　　　B. 按钮　　　　C. 单选框、复选框　　　D. 以上 4 种都可以

2. 单击表格单元格，然后在文档窗口左下角的标签选择器中选择（　　）标签，就可以选择整个表格。

A. body　　　　　B. table　　　　　C. tr　　　　　D. td

3. 下面哪一个称之为无序清单（　　）。

A. ＜ ul ＞　　　　B. ＜ ol ＞　　　　C. ＜ li ＞　　　　D. ＜ dl ＞

4. method 表示了发送表单信息的方式，它有两个值，分别为(　　)。

A．post 和 get　　　　B．post 和 form　　　　C．form 和 get　　D．type 和 form

二、填空题

1. 在表格的某个单元格中定位光标，单击状态栏上的＿＿＿＿＿标签，可以选择整个表格；单击＿＿＿＿＿标签，可以选择单元格所在的行；单击＿＿＿＿＿标签，可以选中单元格。

2. 表格中表格的内容和单元格边框的距离叫＿＿＿＿＿，单元格和单元格之间的距离叫＿＿＿＿＿，整个表格边缘叫＿＿＿＿＿。

3. 表格的宽度可以用＿＿＿＿＿和＿＿＿＿＿两种单位来设置。

4. <div> 标记属于＿＿＿＿＿级元素。

三、简答题

1. 表单在网页中有什么作用？

2. 列表和菜单有什么区别？

四、操作题

用 Dreamweaver CS3 的表单创建如图 4-41 所示页面。

通行证注册

登录账户：	
登录密码：	
确认密码：	
邮箱地址：	
性别：	⦿ 男 ○ 女
出生年月：	1981 ▾ 年 1 ▾ 月
个人喜好：	□ 文学　□ 音乐　□ 体育　□ 其他
人生格言：	你的人生格言是什么，请简要说明。
	[注册]　[取消]
	请阅读服务协议，并选择同意：　□ 我已阅读并同意
	一、请用户认真阅读本协议中的所有条款，否则由此带来的一切损失由用户承担。 二、本协议在执行过程中的所产生的问题由双方协议解决。

图 4-41　操作题效果图

学习任务三 创建导航式菜单

一、任务引入

导航是一个网站非常重要的部分，可以说是访问率最高的一个部分。一个漂亮的导航设计往往能吸引很多的用户。打开网页后，鼠标移动到上面导航栏一行中的某一个项目，同时就会在下面一行中显示相应的内容（竖排显示）。运用这种效果也有很多好处，从网页的角度来看，为网页节省了显示的空间；从浏览者的角度来看，方便了阅读，起到了导航的良好效果，如图4-42所示。

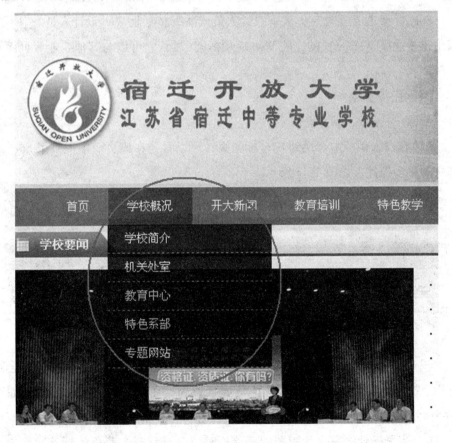

图4-42 菜单式的导航

二、任务分析

要做一个菜单式的导航，可以用 AP 元素结合行为来实现，但是要涉及元素的定位以及脚本的编写，Dreamweaver CS3 中新增了一个重要的功能，就是引进了 Spry 框架，通过 Spry 不需要编写代码就可以实现一些以前看来很复杂的功能。我们要做的就是一个菜单，而 Spry 框架提供了菜单框架，只要对它的外观作适当的修改就可以实现我们预计的功能了。

三、相关知识

Spry 框架是一个 JavaScript 库，Web 设计人员使用它可以构建能够向站点访问者提供更丰富体验的 Web 页。有了 Spry，就可以使用 HTML、CSS 和极少量的 JavaScript 将 XML 数据合并到 HTML 文档中，创建构件（如折叠构件和菜单栏），向各种页面元素中添加不同种类的效果。在设计上，Spry 框架的标记非常简单且便于那些具有 HTML、CSS 和 JavaScript 基础知识的用户使用。

Spry 框架主要面向专业 Web 设计人员或高级非专业 Web 设计人员。它不应当用作企业级 Web 开发的完整 Web 应用框架（尽管它可以与其他企业级页面一起使用）。

四、任务实施

步骤一：插入 Spry 框架

（1）在插入面板中切换到 Spry 标签页，可以看到在该页面中提供了 Spry 封装好的很多控件，如图 4-43 所示。

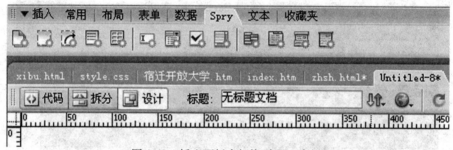

图 4-43　插入面板中切换到 Spry 布局

（2）在 Spry 插入页选择"Spry 菜单栏"，如图 4-44 所示。Dreamweaver 会弹出一个提示窗口，提示选择水平还是垂直布局，在这里选择水平布局，如图 4-45所示，马上就可以在 Dreamweaver 中看到一个导航菜单。

（3）当鼠标悬停在设计视图的菜单栏时，会看到一个蓝色的标签，单击该标签可以选中整个菜单，如图 4-46 所示。

（4）现在保存一下 Index. htm，此时 Dreamweaver 会弹出一个对话框，提示要复制 Spry 的相关 JavaScript 文件，如图 4-47 所示。

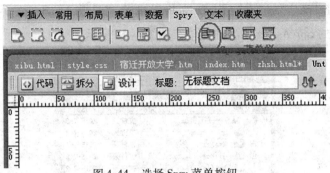

图 4-44 选择 Spry 菜单按钮

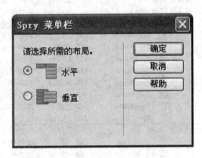

图 4-45 选择布局(水平/垂直)

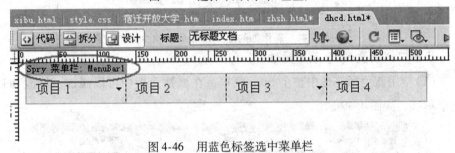

图 4-46 用蓝色标签选中菜单栏

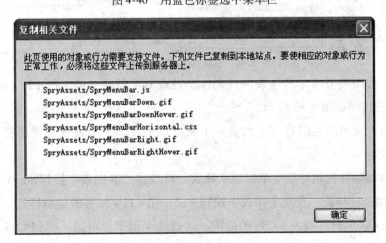

图 4-47 复制相关的 JavaScript 文件

（5）单击"确定"按钮之后，Dreamweaver 会将这些 JavaScript 文件复制到网站文件夹下的 SpryAssets 子文件夹中，如图 4-48 所示。

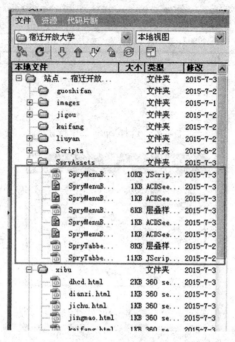

图 4-48　新添加的图片和 JavaScript 文件

步骤二：设置 Spry 菜单属性

（1）使用蓝色标签选中整个 Spry 菜单，在属性面板中可以添加、修改和删除菜单项，如图 4-49 所示。

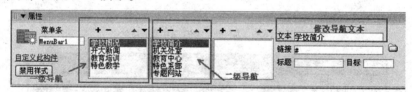

图 4-49　Spry 菜单属性设置项

（2）如果查看菜单所生成的代码，会发现其实就是 < ul > 和 < li > 的利用，所生成的代码如图 4-50 所示。

（3）现在可以在浏览器中预览一下所生成的菜单，会发现非常漂亮，如图 4-51 所示。

（4）如果要控制导航菜单的显示样式，可以在 CSS 面板中找到 SpryMenuBar-Horizontal. css 样式，在这个样式中控制 < ul > 和 < li > 标签的显示样式，因此实际上 Spry 菜单就是列表 + CSS 的应用。通过这个例子也可以了解到 CSS 目前的功能确实很强大。

```
<ul id="MenuBar1" class="MenuBarHorizontal">
 <li><a class="MenuBarItemSubmenu" href="#">学校概况</a>
    <ul>
        <li><a href="#">学校简介</a></li>
        <li><a href="#">机关处室</a></li>
        <li><a href="#">教育中心</a></li>
        <li><a href="#">特色系部</a></li>
        <li><a href="#">专题网站</a></li>
    </ul>
 </li>
 <li><a href="#" class="MenuBarItemSubmenu">开大新闻</a>
    <ul>
        <li><a href="#">学院新闻</a></li>
        <li><a href="#">系部新闻</a></li>
        <li><a href="#">处室新闻</a></li>
        <li><a href="#">专题新闻</a></li>
    </ul>
 </li>
 <li><a class="MenuBarItemSubmenu" href="#">教育培训</a>
    <ul>
        <li><a class="MenuBarItemSubmenu" href="#">项目 3.1</a>
            <ul>
                <li><a href="#">项目 3.1.1</a></li>
```

图 4-50　代码结构

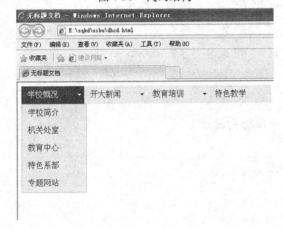

图 4-51　导航菜单运行效果

图 4-52　Spry 菜单就 CSS 样式

知识拓展

本任务使用 Spry 框架来实现控制面板式的菜单，实现起来简单，只要对样式进行相应的修改就行了。此外，可以通过"行为"来实现。

步骤一：主菜单结构设计

＜div＞

＜ul＞

＜li＞＜a href = "index. asp"＞首页＜/a＞＜/li＞

＜li＞＜a href = "#"＞学院概况＜/a＞＜/li＞

＜li＞＜a href = "#"＞系部速览＜/a＞＜/li＞

＜li＞＜a href = "#"＞招生信息＜/a＞＜/li＞

＜li＞＜a href = "#"＞校园生活＜/a＞＜/li＞

＜li＞＜a href = "#"＞常见问题＜/a＞＜/li＞

＜li＞＜a href = "#"＞网上报名＜/a＞＜/li＞

＜li＞＜a href = "#"＞网上答疑＜/a＞＜/li＞

＜/ul＞

＜d/iv＞

步骤二：子菜单结构设置

＜div＞

＜div＞子菜单一＜div＞

知识拓展

＜div＞子菜单二＜div＞

＜div＞子菜单三＜div＞

＜div＞子菜单四＜div＞

＜div＞子菜单五＜div＞

＜div＞子菜单六＜div＞

＜div＞子菜单七＜div＞

＜div＞子菜单八＜div＞

＜div＞子菜单九＜div＞

＜/div＞

步骤三：设置样式

(1)在主菜单中，设置鼠标经过时改变各自的背景。

（2）各子菜单都设置为绝对定位，其父 div 设置为相对定位，初始状态为隐藏。

步骤四：添加行为

为主菜单的中各项目添加行为，当鼠标经过该项目时显示对应的子菜单而隐藏其他子菜单。

习　　题

一、填空题

1. 常见的 Spry 构件有＿＿＿＿＿＿、＿＿＿＿＿＿、＿＿＿＿＿＿、＿＿＿＿＿＿等。

2. Spry 是一个＿＿＿＿＿＿＿＿＿＿＿＿库，Web 设计人员可以使用它来构建丰富的用户体验页面。

3. Spry 构件是一个页面元素，通过启用用户交互来提供更丰富的用户体验，Spry 构件由＿＿＿＿＿＿、＿＿＿＿＿＿、＿＿＿＿＿＿3 部分组成。

二、简答题

1. Spry 框架有什么作用？

2. Spry 构件由哪几部分组成，各部分别有什么作用？

3. 结合本任务，谈谈结构、样式、行为分离的好处。

三、操作题

利用本任务介绍的 Spry 框架，将导航修改为垂直结构布局。

学习任务四　制作浮动的网页广告

知识点

1. 学会创建 AP 元素。

2. 学会设置 AP 元素属性。

3. 掌握时间轴面板使用。

4. 学会创建时间轴动画。

一、任务引入

进入学校网站，打开首页后，用户会看见页面中有个飘来动图片，当鼠标移上去时，出现链接标志，单击则会打开一个新的网页或其他的提示信息，引导浏览者查看网站的宣传信息，起到很好的广告效应。这个广告条没有占用页面的空间，它独立在页面之上，的确是个发布广告的好方法。这样既给网页增添了动态效果，也给网页节省了空间、增加了美感，同时也给浏览者带来了一个新颖的获取信息的方式，那么这个会移动的广告条到底是如何做成的呢？如图 4-53 所示。

图 4-53　浮动广告图片

二、任务分析

图片在不断地移动，这使用户想到图片的显示跟时间有关系，Dreamweaver CS3 给我们提供的时间轴正好可以帮助实现这一点，即用 AP 元素加时间轴来实现 Flash 动画效果。

三、任务实施

步骤一：创建 AP 元素

（1）在 Dreamweaver CS3 中打开学习情境三中完成的网页，选择"插入"面板的"布局"选项卡，单击其中的"绘制 APDiv"按钮，在设计视图中拖动鼠标绘制一个矩形，这样我们就在网页中创建了一个 AP 元素，如图 4-54 所示。

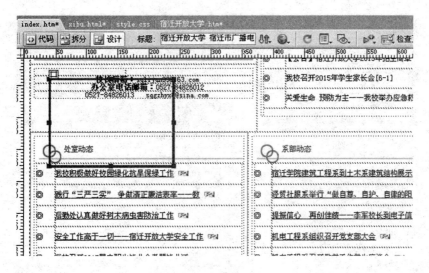

图 4-54 创建 AP 元素

(2)选中该 AP 元素,在属性面板上进行如图 4-55 所示的设置,把该 AP 元素命名为"fudong"。

图 4-55 AP 元素的属性面板

(3)在 AP 元素中插入一幅图像。

步骤二:添加对象到时间轴

(1)在菜单栏选择"修改/时间轴/添加对象到时间轴/"命令,如图 4-56 所示。执行命令后,此时,一个动画条出现在时间轴的第一个通道中,时间轴里面马上增加了一个默认的 15 帧动画,如图 4-57 所示。

技能链接

增加对象到时间轴

(1)在主菜单中选择"修改"/"时间轴"/"增加对象到时间轴"命令将层添加到"时间轴"面板。

(2)也可以将层直接拖动到"时间轴"面板。

(3)单击"时间轴"面板右上角的 ▶ 按钮,在弹出的菜单中选择"添加对象"选项。

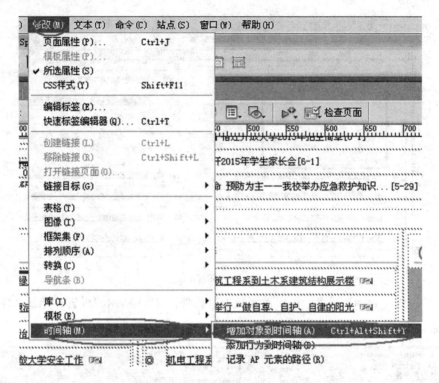

图 4-56　增加对象到时间轴命令

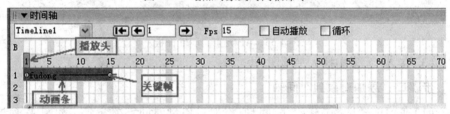

图 4-57　时间轴面板

（2）单击动画栏最后关键帧标记，再选中页面中的"fudong" AP 元素，将它拖动到动画的结束点，或者在"层的属性面板"改变层的"左 L"属性大小来确定结束帧层的位置。此时，页面中显示了从动画起始位置到结束位置有一线条，这就是层的运动轨迹。要想让页面打开时候它就开始运动，就选中"时间轴"面板上的"自动播放"变选框。按在时间轴上中部的"－＞"箭头不放，就可以直接预览这直线动画了，或者按下 F12 键预览，如图 4-58 所示。

步骤三：设置动画运动效果

接下来要进行一系列美化工作，因为这个简单的直线运动效果并不美观，而且广告图片也没有产生变化。

（1）控制播放速度。在动画移动距离不变的情况下，改名动画移动速度。

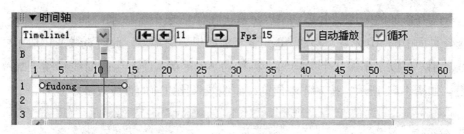

图 4-58 预览动画播放

因为直接将 AP 元素拖进时间轴面板时，默认起始帧数是 15 帧，在上面预览时候就感到速度有点快。要改变速度，就得改变动画总共帧数。鼠标单击选中"时间轴面板"中的"第一频道"结束帧不放，向右拖动至你所想要的结束帧，例如75 帧处，放开鼠标。此时，结束帧的空白小圆也移至到了第 75 帧处。按 F12键预览一下，动画的移动速度明显变慢。但是要注意的是只是在保持动画运动轨迹的长度不变的情况下，改变了动画移动的速度，即时间轴上的帧数。如果在同时改变改变起始和结束帧 AP 元素的位置，就会产生各种不同速度效果，如图 4-59 所示。

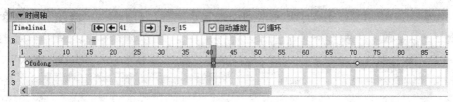

图 4-59 控制动画播放速度

（2）产生曲线的运动。上面做的动画只是简单的直线运动，如果改变成曲线的运动，美观程度就大大加强了。曲线运动中最主要的就是关键帧的设置。

①在"时间轴面板动画栏"上添加一个关键帧：选择动画栏的第一频道中用户想要添加关键帧处，按住 Control 键单击，即刻在插入点位置添加一个关键帧。或者鼠标右键单击选择动画栏的第一频道中想要添加关键帧处，在弹出的快捷菜单里面选择"添加关键帧"，也可以加入关键帧，如图 4-60 所示。

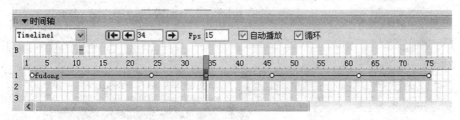

图 4-60 添加关键帧

②在添加的关键帧处移动 AP 元素：在保证选中了后来添加的关键帧下，选择页面中的 AP 元素，移动 AP 元素至你所想要的地方。此时直线变化成了曲线。用户可以多添加几个关键帧，再移动 AP 元素，使产生的曲线移动更加光滑，如图 4-61 所示。按 F12 键预览，曲线效果比以前的直线效果好多了。

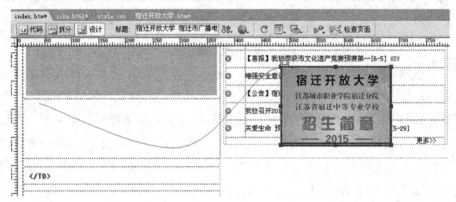

图 4-61　曲线路径

（3）记录 AP 元素路径。即直接通过拖动 AP 元素，生成路径，产生动画。

选中该 AP 元素，移动 AP 元素到动画起始位置，打开菜单"修改"→"时间轴"→"记录 AP 元素路径"，如图 4-62 所示。

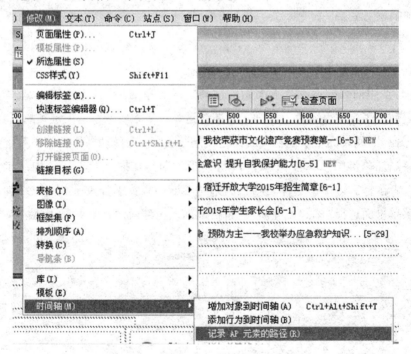

图 4-62　记录 AP 元素路径命令

在页面上拖动 AP 元素，创建想要的运动路径，在动画结束处松开鼠标，时间轴内自动生成了一个动画栏，并且定义了一定数目的关键帧，如图 4-63 所示。

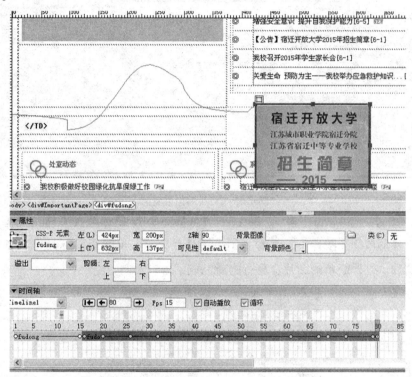

图 4-63　记录 AP 路径

步骤四：添加鼠标触发属性，产生广告图片的交替变化

鼠标触发的各种属性，能产生各种变化。这里要用到的是 onMouseover 属性。

（1）打开菜单"窗口/行为"，弹出"行为"窗口。

（2）选中层中的广告图片，单击"行为"窗口中的"＋"按钮，在弹出的快捷菜单里面选择"交换图像"，如图 4-64 所示。

（3）在"交换图像"对话框里面浏览选择广告图片所在路径，在"交换图像"对话框里系统默认中有个"鼠标滑时恢复图像"前是打勾的，直接按"确定"按钮（注：要给图像元素命名）。

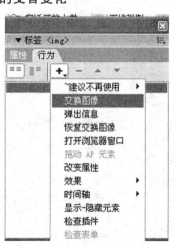

图 4-64　交换图像命令

155

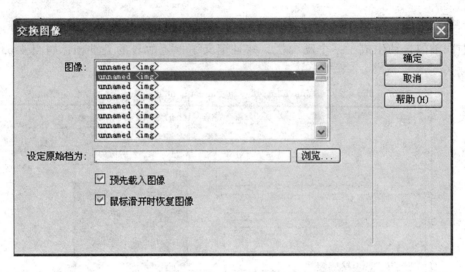

图 4-65　交换图像设置

（4）"行为"状态窗中多了前面说到的 onMouseover 鼠标触发事件。按 F12 键预览，移动鼠标到图片上，看看是不是图片变化了？再移开鼠标，又恢复到原来的图片。这样简单的图片交替行为就完成了。

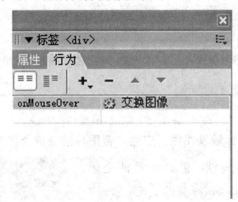

图 4-66　添加"交换图像"行为

步骤五：添加链接

选中 AP 元素中的图像，设置超级链接。

技能拓展

幻灯片式的新闻图片

网页打开后，这几个图片轮换显示，单击每个图就进入相应的网页。这样既给网页增添了动态效果，也给网页节省了空间、增加了美感，同时也给浏览者带来了一个新颖的获取信息的方式，如图4-67所示。

图 4-67 拓展任务效果图

操作提示：

步骤一：结构设计

```
< div class = "pic" >
< div class = "b1" > < img src = "images/big1. jpg"/ > </div >
< div class = "b2" > < img src = "images/big2. jpg"/ > </div >
< div class = "b3" > < img src = "images/big3. jpg"/ > </div >
< div class = "b4" > < img src = "images/big4. jpg" / > </div >
< div class = "s1" > < img src = "images/small1. jpg"/ > </div >
< div class = "s2" > < img src = "images/small2. jpg"/ > </div >
< div class = "s3" > < img src = "images/small3. jpg" / > </div >
< div class = "s4" > < img src = "images/small4. jpg" / > </div >
</div >
```

步骤二：样式设计

1. 根据实际情况设置 pic 模块的大小，设置其定位方式为"相对"。

2. 设置 b1、b2、b3、b4 的位置重合，定位方式为"绝对"。

3. 设置 s1、s2、s3、s4 的位置在大图下面，等间距排列，方式也是"绝对"。

步骤三：给时间轴添加行为（大图）

步骤四：给时间轴添加行为（小图）

使用与步骤二同样的方法来操作 s1、s2、s3、s4，使得小图和大图同步变换。

步骤五：给小图添加行为，来控制图片显示

习　题

一、简答题

1. 说说相对定位与绝对定位的区别。

2. 简要叙述显示—隐藏效果的制作流程。

3. 简要描述 JavaScript 实现本任务的算法。

二、操作题

利用本任务介绍的方法完成图 4-68 的任务，实现虾来回自由游动。

图 4-68　操作任务效果图

学习情境五　动态网页设计

现在，我们将要学习动态网页的基本应用，那么什么是静态站点，什么又是动态站点呢？这里，我们借助网站如何实现留言板功能的站点动态特性来讲解。

一般情况下，在动态站点部署中包括两个主要内容：一是动态脚本程序，二是对数据的存储和管理。其中，前者使用的是 ASP 技术，后者是常用的数据库技术，用数据库来存储和管理数据是动态网站最高效的选择。

学习任务一　动态网页基本平台构建

知识点

1. IIS(Internet 信息服务器)本地服务器的建立。

2. 创建留言板动态站点(有服务器端 ASP 脚本的动态站点)。

3. 创建留言板初始基本页面。

技能点

1. Internet 信息服务器的安装、配置与调试。

2. 动态站点与静态站点建立的区别。

3. 用静态网页设计方法，设计留言板初始基本页面，为留言板模块设计做基础准备工作。

一、任务引入

小王已经学习了静态网页的制作，建立了自己的独立静态网页空间。学会了基本的网页制作方法，他经常上网使用博客，在各大论坛或留言板上发表自己的想法，对留言板在自己公司和同学之间的沟通与交流的应用也有自己的想法。为了更深入地理解各种留言板、论坛的基本技术，他想在学校网站实现留言功能，实现解答浏览者的疑问，或获取访问用户对学校提出的意见及建议，推动学校更快、更好地发展。设计思路：通过选择网站首页页脚处的"QQ交谈"链接，如图5-1所示，进入留言空间进行留言。小王该如何完成这一任务？第一步该怎么做呢？下面我们一起学习动态网页制作第一个案例，即如何显示留言内容，具体效果如图5-2所示。

图5-1 留言链接

图5-2 留言板效果图

二、任务分析

本任务主要为动态网页设计搭建平台，主要有三部分内容：第一是构建动态网页服务器，为动态网页程序运行提供平台；第二是建立服务器端Asp脚本的动态站点，为动态网页建立与编辑等操作提供软件支持；第三是利用静态网页设计方法设计留言板初始基本页面。

三、相关知识

1. 静态站点和动态站点概述

所谓"静态"指的就是网站的网页内容"固定不变"，当用户浏览器通过互联网的 HTTP 协议向 Web 服务器请求提供网页内容时，服务器仅仅是将原已设计好的静态 HTML 文档传送给用户浏览器。其页面的内容使用的仅仅是标准的 HTML 代码，最多再加上一些诸如飞来飞去的蝴蝶这样的动画效果。若网页维护者要更新网页的内容，就必须手动地来更新其所有的 HTML 文档，给维护者带来很大的工作量。

动态网站技术将网页维护者从重复而烦琐的手动更新中解脱出来，并且可以实现诸如留言板、BBS 论坛、新闻实时发布等站点访问者与 Web 服务器交互性很强的页面。

2. 静态网页特点

(1)静态网页以"htm"、"html"、"shtml"、"xml"等为扩展名；

(2)静态网页是实实在在保存在服务器上的文件，每个网页都是一个独立的文件；

(3)静态网页的内容相对稳定，因此容易被搜索引擎检索；

(4)静态网页没有数据库的支持，在网站制作和维护方面工作量较大，因此当网站信息量很大时完全依靠静态网页制作方式比较困难；

(5)静态网页的交互性较差，在功能方面有较大的限制。

3. 动态网页特点

(1)扩展名通常为"ASP"、"PHP"、"JSP"、"ASPX"、"CGI"等；

(2)动态网页需要专门的网页服务器才能浏览网页内容；

(3)ASP 动态网页的语言构成是由 ASP 语言混合 HTML、VBScript、JavaScript 等一起实现网页的动态效果；

(4)动态网站要比静态网站交互性好；

(5)动态网页以数据库技术为基础，可以大大降低网站维护的工作量；

(6)采用动态网页技术的网站可以实现更多的功能；

(7)只有当用户请求时服务器才返回一个完整的网页；

(8)动态网页中的链接可带"?"提交变量。

四、任务实施

步骤一：安装 IIS(Internet 信息服务器)本地 Web 服务器

在创建发布动态网站之前，我们首先应该要确认是否已经安装好 Web 服务器，如果还没有安装 Web 服务器，应该先安装 Internet 信息服务，下面以 win-dows XP 操作系统为例，讲解如何安装 IIS5.1。

（1）打开"控制面板"，如图 5-3 所示。

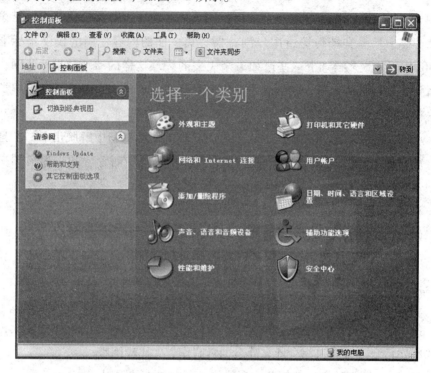

图 5-3　控制面板

（2）选择"添加或删除程序"，打开"添加和删除程序"对话框，如图 5-4 所示。

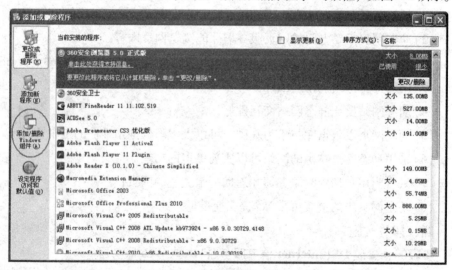

图 5-4　添加或删除程序窗口

（3）选择"添加/删除 Windows 组件"，选中"Internet 信息服务（IIS）"IIS 组件，如图 5-5 所示。单击"下一步"，根据 IIS 安装向导的提示操作可以轻松地完成安装。安装好以后，打开控制面板中的"管理工具"，会发现多了个"Internet 信息服务"图标，如图 5-6 所示。

图 5-5　添加/删除 IIS 组件

图 5-6　成功安装 IIS 管理器

步骤二：配置 IIS 的 Web 服务器

（1）系统安装成功，系统会自动在系统盘新建网站目录，默认目录为：C：\ Inetpub \ wwwroot。

（2）当 IIS 添加成功之后，再进入"开始"→"设置"→"控制面板"→"管理工具"→"Internet 服务管理器（Internet 信息服务）"以打开 IIS 管理器，如图 5-7 所示。对于有"已停止"字样的服务，单击鼠标右键，选择"启动"来开启。

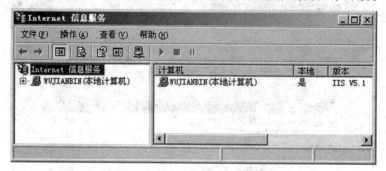

图 5-7　IIS 管理器窗口

（3）在默认网站上单击鼠标右键并选择属性，弹出如图 5-8 所示对话框。

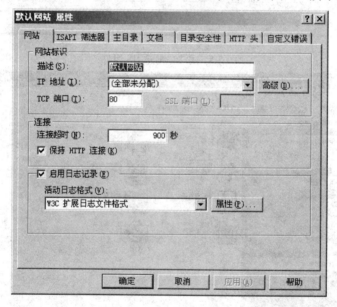

图 5-8　默认网站属性设置

（4）单击"主目录"标签：默认目录为：C：\ Inetpub \ wwwroot，在本地输入框后单击浏览可以更改网站所在文件位置，比如 D：\ website。

（5）单击配置，应用程序配置，如图 5-9 所示。

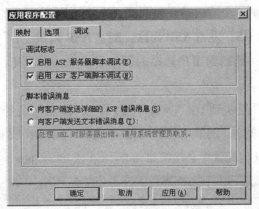

图 5-9 应用程序配置窗口

(6)单击"文档"标签，可以设置网站默认首页，推荐删除 iisstart. asp，添加 index. asp 和 index. htm。

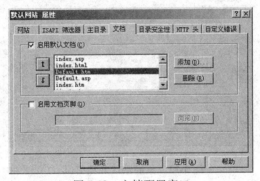

图 5-10 文档配置窗口

(7)单击"目录安全性"标签：单击编辑可以对服务器访问权限进行设置，如图 5-11 所示。

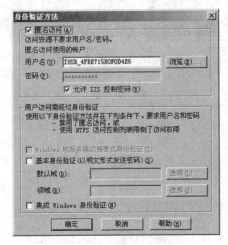

图 5-11 身份验证配置窗口

（8）这样就有了一个可以运行和调试 ASP 动态网页的环境。

步骤三：利用 IIS，发布 ASP 网站，浏览 ASP 网页

（1）把网站文件复制到用户选择的网站目录下，假设用户选择的默认目录 D：\ website。

（2）把网站文件复制到 D：\ website 目录下，注意网站主页的文件名，应在文档配置中添加该文件，例如用户的网站主页是 index. asp 或 index. htm，那么用户的 IIS 启用默认文档配置中必须添加 index. asp 或 index. htm，如图 5-12 所示。

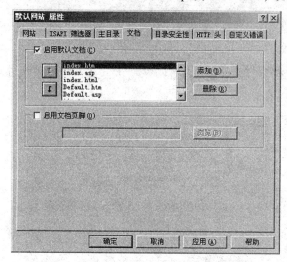

图 5-12　添加默认文档窗口

（3）用户可以通过以下方式访问网站 http：//本机 IP 地址/或 http：//localhost/ 或 http：//127. 0. 0. 1/“127. 0. 0. 1(表示本机的意思)；如图 5-13 ~ 图 5-15 所示。如果用户配置有域名，把域名解析到本地 IP 地址，即可通过 http：//域名/访问。

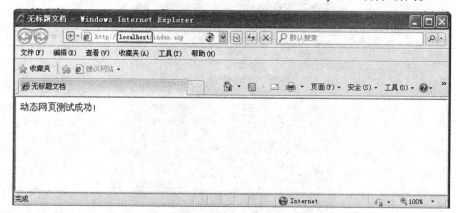

图 5-13　利用 http：//localhost/访问

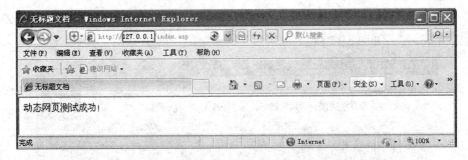

图 5-14　利用 http：//127.0.0.1/访问

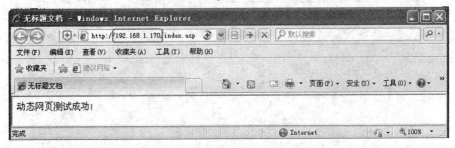

图 5-15　利用"http：//IP 地址/"访问

（4）也可以通过新建虚拟目录的方式来调试 ASP 网页，鼠标右键单击"默认网站/新建/虚拟目录"，如图 5-16 所示。

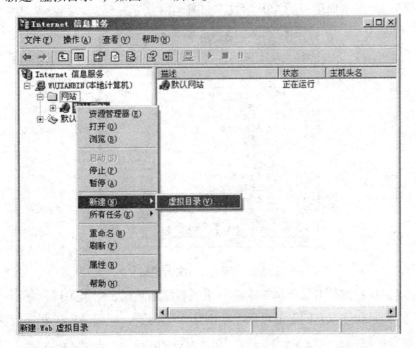

图 5-16　添加虚拟目录

167

(5)弹出虚拟目录创建向导，给虚拟目录提供一个简短的名称（最好为英文或数字符号），如图5-17所示。

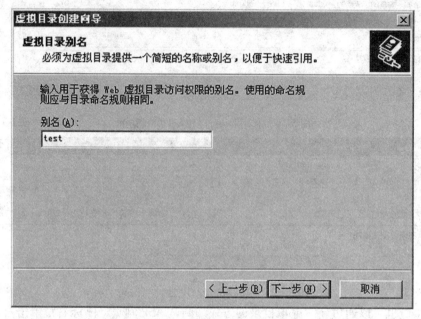

图5-17　设置虚拟目录别名窗口

(6)将目录指向用户的 ASP 站点，如图5-18所示。

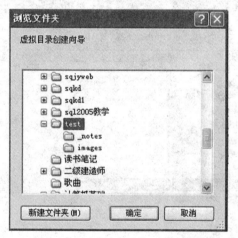

图5-18　浏览文件夹对话框

(7)鼠标右键单击要调试的 ASP 网页进行浏览测试，如图5-19所示。

(8)如果程序没有问题就可以正常浏览 ASP 网页，但如果 ASP 程序有问题，则会弹出报错提示，注意地址栏的 URL 为：http：//localhost/test/...，"test"就是所添加的虚拟目录，如图5-20所示。

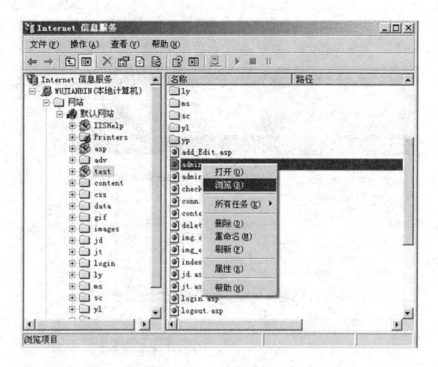

图 5-19　测试浏览网页

图 5-20　虚拟目录浏览网页

步骤四：创建留言板动态站点(有服务器端 ASP 脚本的动态站点)

前面的课程中，我们建立了一个静态的站点。这里，我们建立一个包含服务器端脚本(ASP)的动态站点，具体建立步骤如下：

(1)在 Dreamweaver CS3 中，选择"站点/新建站点"。从"站点"菜单中选择"新建站点"命令，即会出现"站点定义为"对话框(如果对话框显示的是"高级"选项卡，则单击"基本")。这是"站点定义向导"的第一步，要求用户为站点输入一个站点名称，如图 5-21 所示在文本框中，输入一个名称以在 Dreamweaver

CS3 中标识该站点。该名称可以是任何所需的名称。例如，用户可以将站点命名为"mysite"、"myweb"等，这里输入"宿迁开放大学"。

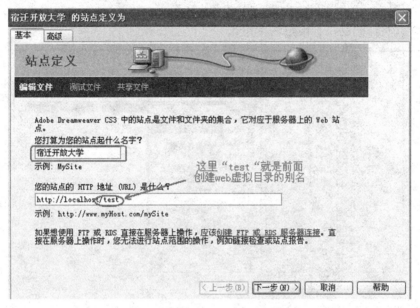

图 5-21 "站点定义"名称对话框

（2）单击"下一步"按钮，询问用户是否要使用服务器技术。选择"是"选项，进行服务器脚本技术的有关设置，如图 5-22 所示。

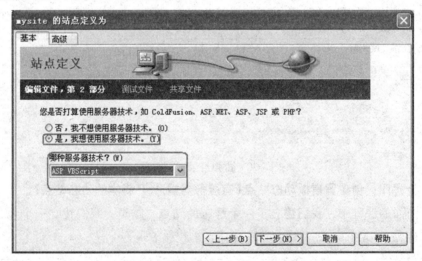

图 5-22 选择使用服务器技术

（3）单击"下一步"进入下一个步骤。出现向导的下一个界面，确认站点文件夹，这里定义在"E：\ test 中，参数选择如图 5-23 所示。

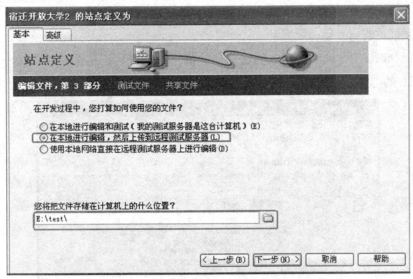

图 5-23　选择站点文件夹

①选择标有"在本地进行编辑，然后上传到远程测试服务器"的选项。

②文本框允许用户在本地磁盘上指定一个文件夹，Dreamweaver CS3 将在其中存储站点文件的本地版本。若要指定一个准确的文件夹名称，通过"浏览"指定要比键入路径更加简便易行。因此用户可单击该文本框旁边的文件夹图标，随即会出现"选择站点的本地根文件夹"对话框，在对话框中浏览到本地磁盘上可以存放所有站点的文件夹，然后单击"确定"按钮。

（4）单击"下一步"，出现向导的下一个界面，询问用户如何连接到远程服务器，从弹出式菜单中选择"本地/网络"，如图 5-24 所示。

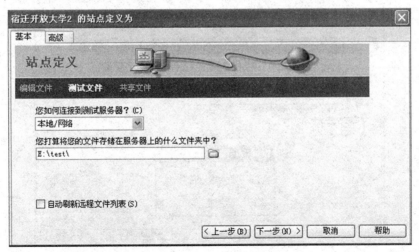

图 5-24　选择测试服务器

171

如果用户有远程的 FTP 服务器空间，在这一步骤可以按照如图 5-25 所示进行连接到远程服务器的设置。

（5）单击"下一步"，进入到建站向导的下一个界面，这个步骤是关于站点的 URL 的内容，如图 5-26 所示。

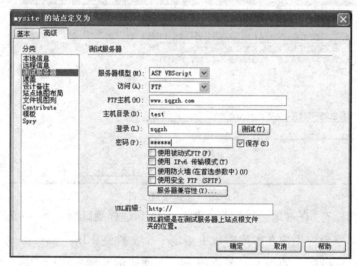

图 5-25　远程服务器设置

（6）单击"下一步"，该向导的下一个屏幕将出现，其中显示用户的设置概要。单击"完成"，完成设置。完成站点的建立之后，在文件面板中用户会看到如图5-27所示的结果(本地视图)。

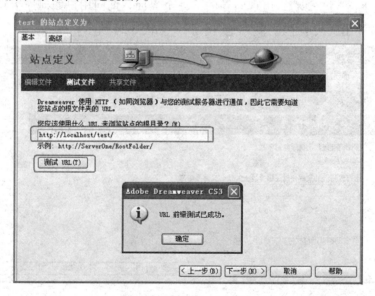

图 5-26　站点 URL

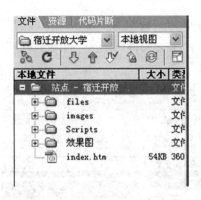

图 5-27 文件面板中的本地视图

步骤五：创建留言板基本初始页面

复杂的页面一般都要先用表格布局，我们就从留言板主页面的表格布局开始入手。除了表格布局，利用层布局页面也是一种选择，但层的兼容性和可控制性比表格差。这里，我们采用表格布局。创建留言板基本初始页面（message.asp）方法如下：

这个主页面将来是一个包含 ASP 脚本的动态页面，所以它的类型是动态脚本页面文档，文件扩展名是".asp"。可以选择以下两种方法中的任意一种创建它。

（1）执行"文件/新建"命令，在弹出的新建文档对话框中做如图 5-28 所示的操作（版本不同，界面也有所不同）。保存文档时，文件命名为 message.asp。

图 5-28 通过菜单新建 ASP VBScript 动态文档

（2）打开站点面板，在留言板站点本地视图下面的窗口中右键单击站点名，在弹出的快捷菜单中执行"新建文件"命令，如图 5-29 所示，然后将文件名的主文件名改为 message. asp。

图 5-29　在站点中新建 ASP VBScript 动态文档

（3）按照前面静态网页布局所介绍的方法，把 message. asp 网页编辑成如图5-30 所示的初始效果。

图 5-30　message. asp 文档静态页面效果

知识拓展

安装调试 ASP 的环境，写出程序。利用"添加/删除程序"安装 IIS，设置默认 Web 站点属性，主目录为"D：\ web \ homesite"。

（1）在主目录中建立 example 文件夹，在该文件夹中建立 example1. txt 文件，然后将扩展名改为 asp，再用记事本打开，输入如下内容进行保存。

<% response. write" hello world!" % >

response. write 就是显示的意思，前后的 <%% > 是 asp 的标记符号，在这里面的信息都由服务器处理。保存以后就可以在浏览器里面运行这个文件了。

（2）127. 0. 0. 1（ = localhost）是本机的 IP，后面再直接加上文件路径。在浏览器地址栏中输入：http：//127. 0. 0. 1/example/example1. asp，就可以浏览到"hello word!"为内容的页面，如图 5-31 所示。

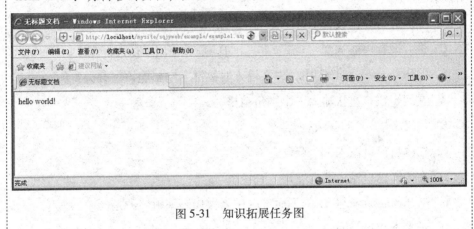

图 5-31　知识拓展任务图

习　　题

一、选择题

1. 在 Dreamweaver CS3 中，下面关于定义站点的说法错误的是（　　　）。

A. 首先定义新站点，打开站点定义设置窗口

B. 在站点定义设置窗口的站点名称（SiteName）中填写网站的名称

C. 在站点设置窗口中，可以设置本地网站的保存路径，而不可以设置图片的保存路径

D. 本地站点的定义比较简单，基本上选择好目录就可以了

2. 在 Dreamweaver CS3 中，我们可以为链接设立目标，表示在新窗口打开网页的是(   )。

A. _blank

B. _parent

C. _self

D. _top

3. 在 Dreamweaver CS3 中，下面关于排版表格属性的说法错误的是(   )。

A. 可以设置宽度

B. 可以设置高度

C. 可以设置表格的背景颜色

D. 可以设置单元格之间的距离但是不能设置单元格内部的内容和单元格边框之间的距离

4. 在 Dreamweaver CS3 中，在设置各分框架属性时，参数 Scroll 是用来设置什么属性的？(   )。

A. 是否进行颜色设置

B. 是否出现滚动条

C. 是否设置边框宽度

D. 是否使用默认边框宽度

5. 在 Dreamweaver CS3 中，中文输入时欲键入空格应该怎么做？(   )

A. 在编辑窗口直接输入一个半角空格

B. 代码中输入" "

C. 在编辑窗口输入一个全角空格

D. 在编辑窗口输入两次空格

6. 在 Dreamweaver CS3 中下面可以用来做代码编辑器的是(   )。

A. 记事本程序(Notepad)

B. Photoshop

C. flash

D. 以上都不可以

7. 在 Dreamweaver CS3 中，Behavior(行为)是由几项构成的？(   )

A. 事件

B. 动作

C. 初级行为

D. 最终动作

8. 配置 IIS 时，设置站点的主目录的位置，下面说法正确的是(   )。

A. 只能在本机的 c：\ inetpub \ wwwroot 文件夹

B. 只能在本机操作系统所在磁盘的文件夹

C. 只能在本机非操作系统所在磁盘的文件夹

D. 以上全都是错的

9. 安装 Web 服务器程序后，在地址栏输入（　　），可以访问站点默认文档。

　　A. 在局域网中直接输入服务器的 IP 地址。

　　B. 在局域网中输入服务器所在计算机的名称

　　C. 如果是在服务器所在的计算机上，直接输入 http：//127.0.0.1

　　D. 以上全都是对的

二、判断题

1. 在 Dreamweaver CS3 中它只能对 HTML 文件进行编辑。（　　）

　　A. 正确　　　　　　　　　　　B. 错误

2. 在 Dreamweaver CS3 中，可以导入外部的数据文件，还可以将网页中的数据表格导出为纯文本的数据文件。（　　）

　　A. 正确　　　　　　　　　　　B. 错误

学习任务二　建立留言板数据库

知识点

1. 理解数据库的基本知识。

2. 能够使用 Access 2010 创建、编辑和操作数据库。

技能点

1. 用 Access 2010 创建留言板站点数据库。

2. 在设计好的数据库表中输入记录。

一、任务引入

上一任务中，小王已经搭建了动态网页服务器运行平台并通过测试，在此基础上，制作了 message.asp 网页作为留言板页面。现在，小王需要根据用户留言板需求，搭建数据库平台。

二、任务分析

本任务主要为留言板搭建数据库平台，小王需要学习关于数据库的相关知识和要点，掌握数据库技术；并在此基础上，按要求构建留言板数据库，如图 5-32 所示。

board

字段名称	数据类型	说明
ID	自动编号	
title	文本	留言标题
pic	文本	图片名称
content	备注	留言内容
subtime	日期/时间	留言时间

图 5-32　留言板数据库结构

三、相关知识——数据库技术

任何程序都要处理数据，如何存储和管理程序中要处理的数据是程序的关键。数据库技术是目前使用最广泛的数据存储和管理技术，它在大量以数据处理为主的程序中起举足轻重的作用。

目前使用最广泛的数据库类型是关系型数据库。在关系型数据库中，我们可以把数据库中的数据看成一个二维表格，如图 5-33 所示。

ID	title	pic	content	subtime
1	专业设置	pic01	学校设置哪些专	2014-6-1
2	动态网页	pic02	动态网页设计主	2014-6-5
3	毕业设计	pic03	2015届毕业设计	2015-3-4
4	领导	pic04	学校现任领导简	2015-3-6
5	13网络	pic05	我们是13网络班	2015-5-4

图 5-33　二维表格数据

实际上，现实世界的很多数据都可以描述为如图 5-33 所示的这种二维表格的形式。关系数据库正是利用这种二维表格的形式来描述和管理程序中的数据的。数据库的基本组成单位是记录，记录被视为单个实体的相关数据的集合。例如图 5-33 表格中每一个用户的信息（表格中的一行）就是一个记录。另外，图 5-33 表格中的 ID、title、pic、content、subtime……（表格中的一列）各个相关信息在数据库中用专业术语说就是一个域，比如姓名域、性别域，等等。

（1）一个数据库可包含多个表，每个表具有唯一的名称。这些表可以是相关的，也可以是彼此独立的。表中每一列代表一个域，每一行代表一条记录。

（2）从一个或多个表中提取的数据子集称为记录集。记录集也是一种表，因为它是共享相同列的记录的集合。通过图 5-34，我们可以很清楚地理解什么是记录集。在 Dreamweaver CS3 中，定义记录集可是创建动态交互页面的重要步骤。

姓名	性别	年龄	出生年月	电话号码
张三	男	18	1996年5月	111111111
李四	女	20	1996年6月	222222222
王五	女	23	1995年5月	333333333
赵六	男	20	1996年8月	333333334
刘七	男	19	1994年5月	555555555

数据库表

姓名	年龄	出生年月
李四	20	1996年6月
王五	23	1995年5月
赵六	20	1996年8月

记录集表

图 5-34 记录集表

四、任务实施

步骤一：用 Access 2010 创建留言板站点数据库

Access 2010 是微软的 Office 2010 办公系统中的一个重要组件。它是最常用的桌面数据库管理系统之一，简单易用。作为用户访问量不是很大的个人小型站点，用 Access 2010 设计数据库还是可行的。下面我们就用 Access 2010 创建留言板站点中的数据库。

（1）创建名"data. accdb"空数据库文档。启动 Access 2010 程序，选择"文件"菜单中的"新建"命令，然后按图 5-35 所示进行操作，在标有"④"处，可选择数据库存储位置及名称。

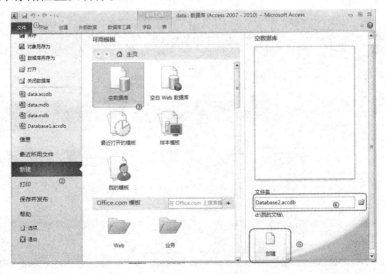

图 5-35 创建空白数据库步骤

（2）保存数据表。创建空白数据库，默认创建表 1，选择"文件"菜单中的"保存命令"命令，会弹出表的"另存为"对话框，如图 5-36 所示，输入数据表名称"board"，然后单击"确定"按钮。

（3）创建表结构。单击"视图"面板的下拉列表按钮，选择"设计视图"命令，如图5-37 所示。这时切换到"设计视图"，如图5-38 所示。在其中要完成表的结构（域）的设计，其中"说明"列用于对该字段存储的内容作注释。结构设计结果如图 5-39 所示。

图 5-36　保存数据表

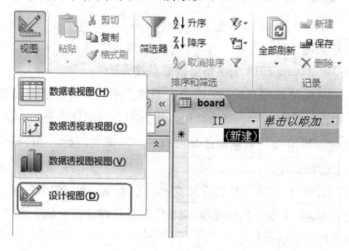

图 5-37　数据表视图切换方式

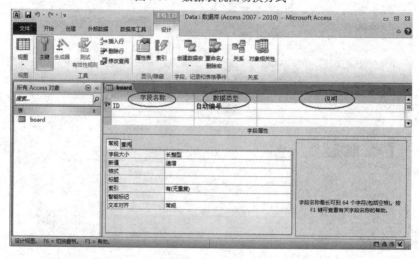

图 5-38　数据表设计视图

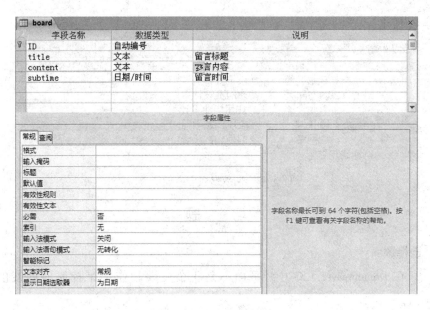

图 5-39　数据表结构设计

（4）设置表中主键。右键单击 ID 字段，如图 5-40 所示，在弹出的快捷菜单中选择"主键"。这样 ID 字段就成为表的主键了。

（5）当设计完成后，单击"关闭"按钮关闭表设计器设计视图窗口，这时会弹出一个提示框，如图 5-41 所示，单击"是"进行保存。

图 5-40　设置主键

步骤二：在设计好的数据库表中输入记录

经过前面的设计步骤以后，只创建了表结构，现在再切换到"数据表视图"，我们可以尝试在这个数据库表中添加一些记录并删除一些记录等操作，如

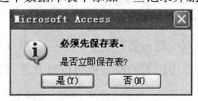

图 5-41　保存表对话框

图 5-42 所示。

board				
ID	title	content	subtime	单击以添加
1	专业设置	学校设置哪些专	2014-6-1	
2	动态网页	动态网页设计主	2014-6-5	
3	毕业设计	2015届毕业设计	2015-3-4	
4	领导	学校现任领导简	2015-3-6	
5	13网络	我们是13网络班	2015-5-4	
*	(新建)			

图 5-42　向数据表中添加记录

习　　题

选择题

1. 在 Dreamweaver CS3 中，下面不是 3 个主要动作用来控制时间线的是
（　　　）。

A. 播放时间线

B. 停止时间线

C. 控制时间线到特定的帧

D. 可以控制到不同的时间线中

2. 在 Dreamweaver CS3 中，下面的操作不能插入一行的是（　　　）。

A. 将光标定位在单元格中，打开 Modify 菜单，选择 Table 子菜单中的 In-
sertRow 命令

B. 在行的一个单元格中单击鼠标右键，打开快捷菜单，选择 Table 子菜单
中的 Insert Row 命令

C. 将光标定位在最后一行的最后的一个单元格中，按下 Tab 键，在当前行
下会添加一个新行

D. 把光标定位在最后一行的最后的一个单元格中，按下组合键 Ctrl + W，
在当前行下会添加一个新行

3. 在 Dreamweaver CS3 中，下面关于创建模板的说法错误的是（　　　）。

A. 在模板子面板中单击右下角的 NewTemplate 按钮，就可以建立新模板

B. 在模板子面板中双击已命名的名字，就可以对其重新命名了

C. 在模板子面板中单击已有的模板就可以对其进行编辑了

D. 以上说法都错

4. 在 Dreamweaver CS3 中，下面关于建立新层的说法正确的是（　　　）。

A. 不能使用样式表建立新层

B. 当样式表建立新层，层的位置和形状不可以和其他样式因素组合在一起

C. 通过样式表建立新层，层的样式可以保存到一个独立的文件中，可以供其他页面调用

D. 以上说法都错

5. 在 Dreamweaver CS3 中，下面关于扩展管理器的说法错误的是(　　)。

A. 可以在 Macromedia 系列软件之间导入扩展

B. 有打包和上传功能

C. 单击按钮，来访问 Macromedia 的 Dreamweaver 扩展下载站点

D. 可以使用扩展管理器来制作第三方扩展

学习任务三　在 Dreamweaver CS3 中实现数据库连接的方法

知识点

1. 掌握数据库不同路径表达的引用方法。

2. 掌握两种形式的数据库连接方法。

技能点

1. 通过 DSN(数据源名称)实现连接。

2. 通过自定义连接字符串实现连接。

一、任务引入

在 Dreamweaver CS3 中如何实现数据库和站点的链接呢？连接的方法有几种呢？下面我们来解决这些问题。

二、任务分析

在 Dreamweaver CS3 中有两种实现数据库连接的方法：一个是通过 DSN(数据源名称)实现连接；另一个是通过自定义连接字符串实现连接。

三、相关知识

对于动态站点(比如我们的留言板站点)的创建，除了静态页面元素的设计

之外，在服务器端要创建和部署两个方面的内容：一个动态脚本程序（本留言板站点采用的是 ASP 技术）；另一个是数据库。在前面一个任务中，我们已经创建了留言板站点的数据库文件，下面就该创建动态脚本程序了。在创建动态脚本程序之前，将数据库和留言板站点连接在一起是最基本的要求。原因很简单：动态脚本程序为了完成预定的程序任务，必定要操作数据，而数据被部署在数据库中，那么首先将数据库和站点连接起来，使动态脚本程序能够很方便地读、写数据库中的数据。

四、任务实施

步骤一：通过 DSN（数据源名称）实现连接

下面就以前面所建立的留言板数据库（E：\ test \ data \ dat. accdb）为例，讨论它和留言板站点的连接方法。

1. 通过 DSN（数据源名称）实现连接

（1）定义系统 DSN。

①打开"控制面板"，然后打开"管理工具"下的"数据源（ODBC）管理器"，如图 5-43 所示。选择其中的"系统 DSN"标签，然后单击添加按钮，我们要添加一个新的系统 DSN 名称。

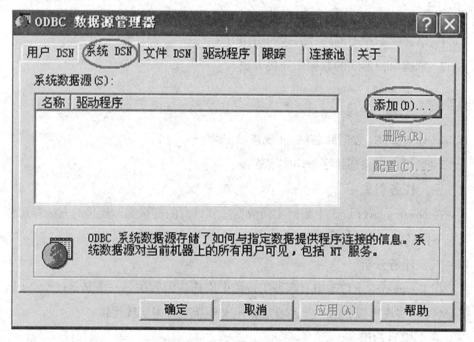

图 5-43 创建系统 DSN

②单击"添加"按钮以后会弹出一个"创建新数据源"对话框，选择"Microsoft Access Driver(∗.mdb，∗.accdb)"，如图 5-44 所示。

图 5-44 选择数据源的驱动程序

③单击"完成"按钮以后，会弹出"ODBC Microsoft Access 安装"对话框。在其中定义数据源名，并通过单击"选择…"选取数据库文件，如图 5-45 所示。

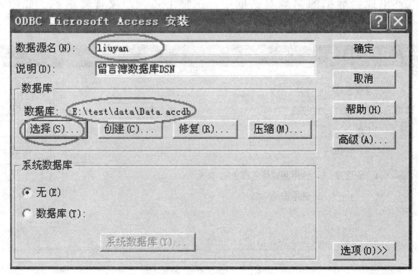

图 5-45 ODBC Microsoft Access 安装

④经过上面步骤的操作以后，在图 5-45 所示的窗口中就会显示一个新定义

的数据源名称。将来在 DW 中就用这个数据源名称建立链接。

（2）在 Dreamweaver CS3 中通过 DSN（数据源名称）实现链接。

①在 Dreamweaver CS3 中打开留言板站点的主页面文档（message. asp）。

②打开数据库面板，单击"＋"按钮，在弹出的菜单中选择"数据源名称（DSN）"，如图 5-46 所示。

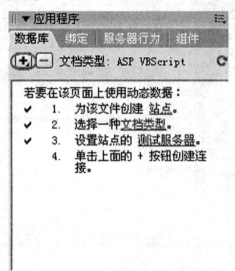

图 5-46　数据库面板—数据源名称

③在出现的数据源名称对话框中，选择 DSN、定义连接名称，如图 5-47 所示。

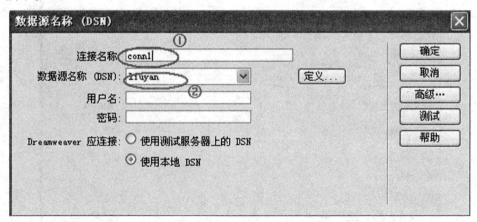

图 5-47　定义数据源连接

④按照图 5-47 所示的完成操作，单击"确定"按钮以后，数据库面板就会出现新定义的连接名称，单击它前面的"＋"展开，可以看到留言板数据库中的一

个表，如图 5-48 所示。这时我们已经完成了数据库和留言板站点的连接了，连接名是 conn1。

以上我们完成了数据库和站点的连接，这个连接的建立是通过定义 DSN 完成的。通过 DSN 建立的数据库连接的特征是：十分方便对数据库的管理。比如，数据库的物理路径发生了改变，只需重新定义 DSN，不需涉及脚本程序的更改。

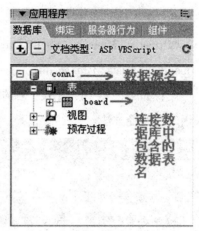

图 5-48　DSN 建立的数据库连接

如果我们采取通过 DSN 建立数据库连接，必须能控制站点服务器的 DSN 的定义。也就是说，应该能够满足以下两种情况：站点服务器就是你自己管理；或者是你租用的服务器，但用户可以及时通知 ISP 服务商帮你定义需要的 DSN。

为了方便，我们一般采用下面一种方法，通过自定义连接字符串实现连接。

步骤二：通过自定义连接字符串实现连接

(1)这是在留言板站点的主页面文档(message. asp)中实现这种连接，先把前面通过 DSN 实现的连接删除，方法是右键单击连接名称，然后在弹出的快捷菜单中选择执行"删除连接"命令。

(2)在数据库面板，单击" + "按钮，在弹出的菜单中选择"自定义连接字符串"，如图 5-46 所示。

(3)在弹出的"自定义连接字符串"对话框如图 5-49 所示中定义连接名称 conn，并输入自定义的连接字符串：

①当"使用此计算机上的驱动程序"时应用绝对路径：

Provider = Microsoft. ace. OLEDB. 12. 0；Data Source = e：\ test \ data \ data. accdb

或

DRIVER = ｛MicrosoftAccess Driver(∗. mdb，∗. accdb)｝；DBQ = E：\ Inetpub \ wwwroot \ mysite \ news_ data. mdb

②否则"使用测试服务器上的驱动程序"采用 Mappath 转换路径：

"Provider = Microsoft. ace. OLEDB. 12. 0；Data Source = " & server. mappath（"
data/data. accdb"）

或

"Driver = ｛Microsoft Access Driver（＊. mdb，，＊. accdb）｝；DBQ = " & server. mappath（"data/data. accdb"）

注：如果将要上传到网上去的网页就可以直接采用 Mappath 了，我们这里采用绝对路径方法。

图5-49　自定义连接字符串连接数据库

（4）按照图5-49所示输入连接名称及连接字符串，可以单击"测试"按钮，测试是否连接成功，成功连接后，数据库面板就会出现新定义的连接名称，单击它前面的"＋"展开，可以看到留言板数据库中的 board 表。这时我们已经完成了数据库和留言板站点的链接了，链接名是 conn。

知识拓展

一、常用的数据库连接字符串

1. Access 97 数据库的连接字符串有以下两种格式

"Provider = Microsoft. Jet. OLEDB. 3. 5；Data Source = " & Server. MapPath（"数据库文件相对路径"）

"Provider = Microsoft. Jet. OLEDB. 3. 5；Data Source = 数据库文件物理路径"

2. Access 2000 ~ Access 2003 数据库的连接字符串有以下两种格式

"Provider = Microsoft. Jet. OLEDB. 4. 0；Data Source = " & Server. MapPath（"数据库文件相对路径"）

"Provider = Microsoft. Jet. OLEDB. 4. 0；Data Source = 数据库文件物理路径"

3. Access 2007 数据库的连接字符串有以下两种格式

"Provider = Microsoft. ACE. OLEDB. 12. 0；Data Source = "& Server. MapPath ("数据库文件相对路径")

"Provider = Microsoft. ACE. OLEDB. 12. 0；Data Source = 数据库文件物理路径"

4. SQL 数据库的连接字符串格式如下

"PROVIDER = SQLOLEDB；DATA SOURCE = SQL 的服务器名称或 IP 地址；UID = 用户名；PWD = 数据库密码；DATABASE = 数据库名称"

代码中的"Server. MapPath( )"指的是文件的虚拟路径，使用它可以不理会文件具体存在服务器上的哪个分区下面，只要使用相对于网站根目录或者相对于文档的路径就可以了。

二、ASP 数据库的连接和读取程序设计

(一)相关知识

以下是对设计好的动态站点的数据库文档和动态脚本文档部署到远程租用服务器上的说明。

1. 通过自定义连接字符串创建的数据库连接，最大的特征就是：对于租用服务器空间的用户，不需要 ISP 服务商的帮助，用户自己就可以完成数据库和动态脚本程序在 Web 站点服务器上的部署。但有个关键的任务需要完成——获取远程服务器上部署的数据库文件的物理地址。方法是：

先将设计好的站点数据库文件上传到服务器，获得这个数据库文件的虚拟路径地址，然后再通过使用 ASP 服务器对象的 MapPath 方法获取数据库文件在服务器上的物理路径。以我们这个留言板站点为例，我们需要上传的站点数据库文件是：news_ data. mdb。将它上传到 web 服务器以后，用来打开这个文件的 URL 并不使用物理路径。它使用服务器名称或域名，后接虚拟路径，如下所示：

http：//ycjxy. com/mysite/news_ data. mdb

但是这个路径不能用到我们自定义的连接字符串中，在自定义的连接字符串中我们需要的是数据库文件的物理路径。

2. 通过使用 ASP 服务器对象的 MapPath 方法获取数据库文件在服务器上的物理各径方法是：

（1）在 Dreamweaver CS3 中新建一个 ASP 文档页并切换到代码视图（"查看"〉"代码"）。

（2）在该页的 HTML 代码中输入以下表达式（以下只是一个实例，具体情况要根据用户所租用的 FTP 服务器而定）：

< % Response. Write(Server. MapPath("http：//ycjxy. com/mysite/news_ data. mdb"))% >

（3）保存这个 ASP 动态页面文档，并把它上传到远程服务器。

（4）在 IE 浏览器中通过 URL 打开这个文件。这时在用户的浏览器窗口中就会显示数据库文件在远程服务器上的物理地址。

3. 获得了数据库文件的物理地址以后，下面要重新更改自定义的连接字符串。

（1）在 Dreamweaver 中创建了数据库连接以后，在站点的根文件夹中会自动产生一个名字叫 Connections 的文件夹，在这个文件夹中有一个以用户所定义的连接名称为名的 ASP 文件。比如我们这里留言板站点的链接文件：conn. asp。

（2）打开这个 ASP 文件，并切换到代码视图（选择"查看"/"代码"命令）。

（3）在代码视图中我们可以看到以下代码：

①绝对路径模式下：

MM_ conn_ STRING = " DRIVER = { Microsoft Access Driver (* . mdb)}；DBQ = E：\ Inetpub \ wwwroot \ mysite \ news_ data. mdb"

②相对路径模式下：

MM_ conn_ STRING = " Driver = {Microsoft Access Driver(* . mdb)}；DBQ = "& server. mappath("/mysite/news_ data. mdb")

（二）掌握 ACCESS 数据库的连接和读取记录

ASP 连接和读取记录的学习内容有一点枯燥，但是很重要。直接看两句话：

< %

set conn = server. createobject("adodb. connection")

conn. open " driver = { microsoft access driver (* . mdb)}；dbq = "&server. mappath("example3. mdb")

% >

第一句话定义了一个 adodb 数据库连接组件，第二句连接了数据库，大家只要修改后面的数据库名字就可以了。是不是很简单?

下面再看 3 句:

```
<%
exec = "select * from guestbook"
set rs = server. createobject( "adodb. recordset" )
rs. open exec, conn, 1, 1
%>
```

这 3 句加在前面两句的后面，第一句: 设置查询数据库的命令, select 后面加的是字段，如果都要查询话就用 *, from 后面再加上表的名字, "gustbook" 是一个数据表的名字。第二句: 定义一个记录集组件，所有搜索到的记录都放在这里面。第三句是打开这个记录集, exec 就是前面定义的查询命令, conn 就是前面定义的数据库连接组件，后面参数"1, 1", 这是读取, 后面讲到修改记录就把参数设置为 1, 3, 接下来读取记录。

```
< table width = "100%" border = "0" cellspacing = "0" cellpadding = "0" >
<% do while not rs. eof% > < tr >
< td > < % = rs( "name" )% > </td >
< td > < % = rs( "tel" )% > </td >
< td > < % = rs( "message" )% > </td >
< td > < % = rs( "time" )% > </td >
</tr >
<%
rs. movenext
loop
%>
</table >
```

在一个表格中，用 4 列分别显示了上次建立的表里面的 4 个字段，用 do 循环, not rs. eof 的意思是条件为没有读到记录集的最后, rs. movenext 的意思是显示完一条转到下面一条记录, < % = % > 就等于 < % response. write% > 用于在 html 代码里面插入 ASP 代码，主要用于显示变量。

调试结果如图 5-50 所示。

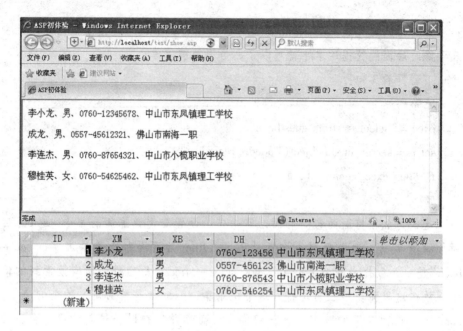

图 5-50　测试结果

习　题

一、填空题

1. 在 IIS 中，默认的 ASP 脚本语言为＿＿＿＿＿＿。

2. 参数通常有两种方式传递方式：get 和 post，request 接收参数的代码分别为＿＿＿＿＿＿、＿＿＿＿＿＿。

3. 如果需要对文件进行读写，在 ASP 中通常要使用的组件对象是 FSO。FSO 的全称是＿＿＿＿＿＿。

4. 下面是一段创建数据连接对象的代码，请将它补充完整

Set conn = Server ＿＿＿＿＿＿ " ADODB. Connection")

connstr = " driver = { SQL Server }；server = " &srvname& "；database = " &dbname& "；uid = "&dbuser& "；pwd = "&dbpass& " "

conn. Open connstr

二、选择题

1. 在 Dreamweaver 中，在弹出的清除冗余代码对话框中下面哪些代码可以被设置清除？（　　）

A. 成对出现的之间没有内容的标签

B. 多余的嵌套标签

C. 类似于 < ! ‐‐beginbody text‐‐>这样的与 Dreamweaver 无关的注释

　性标签

D. 需要在后面的框中填入要清除的特定的标签

2. 在插入栏中的 Head 的对象面板中包含下面那些对象？（　　　）

A. Meta（MIME 字符集信息）

B. Keywords（网页的关键字信息）

C. Description（网页或网站的描述信息）

D. Base（设置网页的主目录）

3. 在创建模板时，下面关于可编辑区的说法正确的是（　　　）。

A. 只有定义了可编辑区才能把它应用到网页上

B. 在编辑模板时，可编辑区是可以编辑的，锁定区是不可以编辑的

C. 一般把共同特征的标题和标签设置为可编辑区

D. 以上说法都错

4. 在创建模板时，下面关于可选区的说法正确的是（　　　）。

A. 在创建网页时定义的

B. 可选区的内容不可以是图片

C. 使用模板创建网页，对于可选区的内容，可以选择显示或不显示

D. 以上说法都错误

5. 在设置图像超链接时，可以在 Alt 文本框中填入注释的文字，下面不属于其作用的是（　　　）。

A. 当浏览器不支持图像时，使用文字替换图像

B. 当鼠标移到图像并停留一段时间后，这些注释文字将显示出来

C. 在浏览者关闭图像显示功能时，使用文字替换图像

D. 每过段时间图像上都会定时显示注释的文字

6. 关于 ASP，下列说法正确的是（　　　）。

A. 开发 ASP 网页所使用的脚本语言只能采用 VBScript

B. 网页中的 ASP 代码同 html 标记符一样，必须用分隔符"〈"和"〉"将其括

　起来

C. ASP 网页，运行时在客户端无法查看到真实的 ASP 源代码

D. 以上全都错误

7. 下列说法错误的是(　　　)。

A. ASP 在很大程度上依赖于脚本编程

B. 使用 <%@%> 标记来指定 ASP 中默认使用的脚本语言

C. 在 <% 和 %> 之间的代码被视为默认脚本语言

D. 设置了默认脚本语言的 ASP 文件中不能再使用其他脚本

8. 请问 Mid("I am a student"，9，2)的返回值是什么？(　　　)

A. "tu"   B. "st"

C. "en"   D. "nt"

9. 下面程序段执行完毕，页面上显示内容是什么？(　　　)

 <%

 ="信息
"

 ="科学"

% >

A. 信息科学   B. 信息(换行)科学

C. 科学   D. 以上都不对

10. 关于 For...Next 语句，下面说法错误的是(　　　)。

A. 可以在循环中的任何位放置一个 Exit For 语句

B. step 的值必须是整数，默认为1

C. For i = 1 To 15 Step 4，这一行说明循环体最多可以执行 4 次

D. 计数变量 I 可以是变量或表达式

11. 下面程序段执行完毕，我们在浏览器中看到的内容是什么？(　　　)

 <%

Response. Write " < a href = http：//www. sina. com. cn'> 新浪 </a>"

% >

A. 新浪(注：可单击)

B. < a href = http：//www. sina. com. cn'> 新浪 </a>

C. 新浪(注：不可单击)

D. 该句有错，什么也不显示

12. 下面属于 Server 对象的方法的是(　　　)。

A. CreateObject　　　　　　B. HTMLEncode

C. MapPath　　　　　　　　D. 以上全都是

13. 在同一个应用程序的页面 1 中添加 Server. ScriptTimeOut = 300，那么在页面 2 中添加 c = Server. ScriptTimeOut，则 c 等于多少秒？（　　　）

A. 60　　　　　　　　　　B. 90

C. 300　　　　　　　　　　D. 以上都不对

学习任务四　在 Dreamweaver 页面中显示记录集

知识点

1. 记录集概念。

2. 记录集创建方法。

技能点

1. 掌握记录集创建方法。

2. 掌握字段域绑定方法。

一、任务引入

连接好的数据库中的数据是不是直接就可以应用到我们的页面中呢？上面连接的数据库中的数据，能不能直接应用到页面中，我们来回答这个问题。

二、任务分析

本次任务就主要讲解记录集的创建方法以及如何将记录集中数据绑定到动态页面中，最后再通过服务器行为的定义让大家初次体验一下留言板主页面的动态效果，如图 5-51 所示。

三、相关知识

上一任务我们创建了数据库和留言板站点的链接，这样就有了进一步创建动态页面的基础。但现在数据库中的数据还不能直接应用到页面中，因为要将数据库用作动态网页的内容源时，必须首先创建一个要在其中存储检索数据的记录集。

图 5-51　显示留言内容

四、任务实施

步骤一：在绑定面板中定义记录集

（1）在 Dreamweaver CS3 中打开留言板站点主页面（message. asp）。

（2）打开绑定面板，单击 ➕ 按钮，在弹出的下拉菜单中选择"记录集（查询）"命令，如图 5-52 所示。

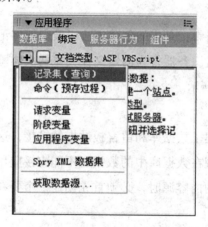

图 5-52　绑定面板——定义记录集

（3）在弹出的记录集定义对话框中，定义记录集名称、选择数据库连接名、选择数据库中的表、选择表中的字段（域）、定义记录排序的方法等，如图 5-53 所示。

（4）按照前面的步骤操作完成以后，在绑定面板就会出现新定义的记录集，单击它前面的"＋"号，可以展开记录集，如图 5-54 所示。

图 5-53 定义记录集

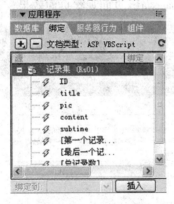

图 5-54 绑定面板—创建完成的记录集

步骤二：将记录集中数据绑定到表格域

（1）对留言板主页面（message. asp）中预留的表格重新编辑，设计效果如图 5-55 所示。

（2）将记录集中的数据域（字段）绑定到表格相应的单元格中。

打开绑定面板，展开记录集。用鼠标将记录集中的字段拖放到页面表格相应的单元格中，如图 5-55 所示。

图 5-55

因为数据库存储的是图片的名称，所以将字段拖到相应位置，切换到代码视图，将代码作相应修改，如图 5-56 所示。

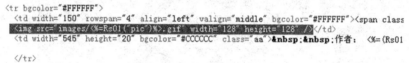

```
<tr bgcolor="#FFFFFF">
  <td width="150" rowspan="4" align="left" valign="middle" bgcolor="#FFFFFF"><span class
  <img src="images/<%=Rs01("pic")%>.gif" width="128" height="128" /></td>
  <td width="545" height="20" bgcolor="#CCCCCC" class="aa">  作者: <%=(Rs01
</tr>
```

图 5-56 图片字段代码

（3）通过上面的步骤，我们已经将记录集中的字段（也就是数据库中数据）绑定到页面中的单元格中。这样，这些单元格中的内容实际上就是动态文本内容了。我们现在测试一下页面，在服务器中预览。

在浏览器中打开 message.asp 页面观察页面效果，如图 5-57 所示。

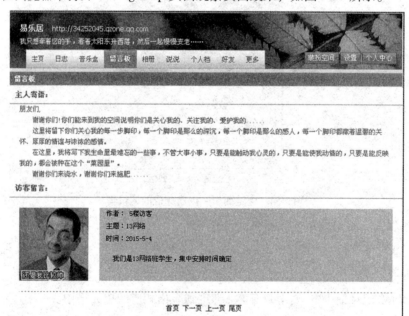

图 5-57 预览效果

（http：//localhost/test/message.asp 或者 http：//127.0.0.1/test/message.asp）

虽然我们在留言板数据库的用户信息表中添加了多个记录，但是在浏览器中打开的 message.asp 页面中显示的总是一个记录的绑定内容。那么怎么让页面中同时显示多个留言记录呢？下边就解决这个问题。

步骤三、在 message.asp 页面中添加服务器行为——重复区域

（1）在 message.asp 页面中选中图 5-58 所示的表格，我们要把它创建成可以重复显示的区域。

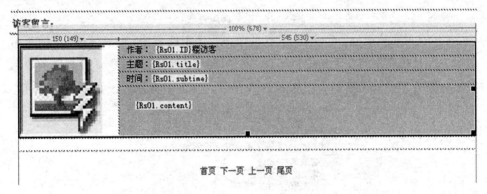

图 5-58　选中要重复的区域（表格）

（2）打开服务器行为面板，单击 ➕ 按钮，在弹出的下拉菜单中选择执行其中的"重复区域"命令，如图 5-59 所示。接着会弹出一个重复区域设置对话框，如图 5-60 所示。我们设置一个页面中同时显示 3 条留言记录。

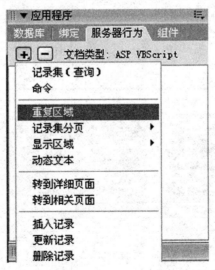

图 5-59　执行"重复区域"命令

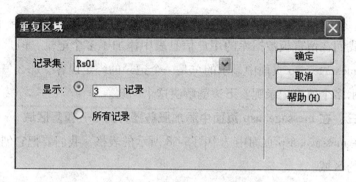

图 5-60　重复区域设置

（3）设置完成以后，message. asp 页面中所选中的表格（重复区域）变成灰暗显示，并且在表格的左上角位置出现"重复"两字，如图 5-60 所示是局部的显示效果。服务器行为面板的内容如图 5-61 所示。页面中重复区域如图 5-62 所示。

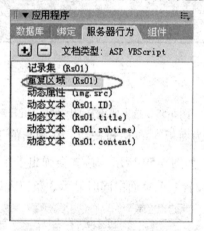

图 5-61　服务器行为面板

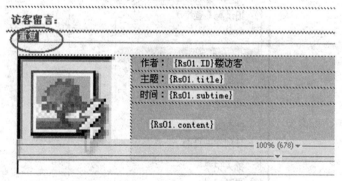

图 5-62　页面中重复区域（局部）

（4）现在再在浏览器中观察一下 message. asp 的页面效果，效果如图 5-63 所示。

访客留言：

作者： 5楼访客
主题：13网络
时间：2015-5-4

我们是13网络班学生，集中安排时间确定

作者： 4楼访客
主题：领导
时间：2015-3-6

学校现任领导简介

作者： 3楼访客
主题：毕业设计
时间：2015-3-4

2015届毕业设计答辩时间安排

首页 下一页 上一页 尾页

图 5-63　重复区域后预览效果(局部)

步骤四：向 message. asp 再添加一个服务器行为——显示区域

图 5-58 所示页面中的表格是显示用户的留言记录，当留言板数据库的用户表中没有一个记录时(也就是没有一个用户留言时)，这时我们是不想让它显示出来的。但是现在的情况是，你把用户表中的记录全部删除清空，message. asp 页面照样会显示一个空表格。怎么办？下边通过再添加一个服务器行为一显示区域来解决这个问题：

(1)在 message. asp 页面中选中图 5-64 所示表格。

(2)打开服务器行为面板，单击 按钮，在弹出的下拉菜单中选择执行其中的"显示区域/如果记录不为空则显示区域"命令，如图 5-64 所示。

(3)执行以后，会弹出一个设置显示区域的对话框，在其中选择绑定的记录集。这时，message. asp 页面中的选中表格的左上角会出现一个新的服务器行为。

经过上面的操作以后，当没有一个用户留言(用户表中记录为空)时，message. asp 页面中就不会显示空表格。

至此，本任务学习了如何用连接好的数据库创建记录集，然后再将记录集

中的数据域绑定到页面中。另外，还学习了两个服务器行为，我们也体会了
Dreamweaver 在动态网页创建上的强大功能。

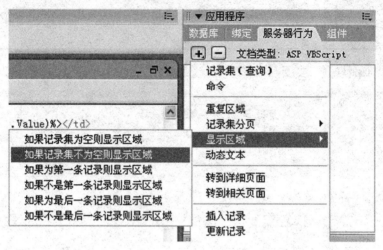

图 5-64　服务器行为—显示区域

🔍 **知识拓展**

ASP 与数据库操作其他技术

一、向数据库添加记录

数据库的基本操作是：查询记录，写入记录，删除记录，修改记录。这一节学习 asp 向数据库中写入记录。

先建立一个表单页面 example2. asp，代码如下：

< form name = "form1" method = "post" action = "example3. asp" >

name　< input type = "text"　name = "name" > < br >

tel　< input type = "text"　name = "tel" > < br >

message　< input type = "text"　name = "message" value = " " > < br >

< input type = "submit" name = "Submit" value = "提交" >

< input type = "reset" name = "Submit2" value = "重置" >

< /form >

表单提交到 example3. asp，下面是 example3. asp 的代码。

【方法一】

< %

set conn = server. createobject("adodb. connection")

```
    conn. open " driver = { microsoft access driver ( * . mdb ) } ; dbq = "
&server. mappath( "example3. mdb" )

    name = request. form( "name" )

    tel = request. form( "tel" )

    message = request. form( "message" )

    exec = "insert into guestbook( name, tel, message) values( m + name + "," " +
tel + , V" + message + m) "

    conn. cxccutc cxcc

    conn. close

    set conn = nothing

    response. write" 记录添加成功!"

% >
```

insert into 后面加的是表的名字，后面的括号里面是需要添加的字段，不用添加的或者字段的内容就是默认值的可以省略。注意，这里的变量一定要和 ACCESS 里面的字段名对应，否则就会出错。values 后面加的是传送过来的变量。exec 是一个字符串，"insert into guestbook(name, tel, message) values("是第一段，在 ASP 里面不能嵌双引号，所以可以用""'"代替双引号，放在双引号里面，连接两个变量用 + 或者 & 所以"'"，"又是一段，中间夹了一个 name 就是表单传来的变量，这样就可以在这个变量外面加两个"""，表示是字符串了，后面的 tel 是数字型变量所以不需要外面包围"，大家慢慢分析这句话，如果用表单传来的数据代替变量名字的话这句话为（假设 name = "aaa"，tel = 111，message = "bbb" ）:"insert into guestbook(name, tel, message) values("aaa"'，111，bbbT。

接下来的 conn. execute 就是执行这个 exec 命令，最后别忘记把打开的数据库关闭，把定义的组件设置为空，这样可以返回资源。上次读取时，为了简单起见，没有写入关闭语句，这次大家可以补充上去：rs. close

```
    set rs = nothing

    conn. close

    set conn = nothing
```

【方法二】

```
 < %
    dim conn
```

```
    dim connstr

    on error resume next

    connstr = "DBQ = " + server. mappath ( "db. mdb" ) + " ; DefaultDir = ; DRIV-
ER = {Microsoft Access Driver( * . mdb) } ; "

    set conn = server. createobject( "ADODB. CONNECTION" ) conn. open connstr
% >
```

注：该代码可单独放在一个如 conn. Asp 的文件中，然后在应用它的页面中调用它，使用 include 的方法，如 < ! – –#include file = " conn. asp" – – >

```
    < %

    name = request. form( "name" )

    tel = request. form( "tel" )

    message = request. form( "message" )

    set rs = server. createobject( "adodb. recordset" )

    rs. Open "select * from guestbook", conn, 1, 3

    rs. addnew

    rs( "name" ) = name

    rs( "tel" ) = tel

    rs( "message" ) = message

    rs. update

    rs. close

    set conn = nothing response. write "记录添加成功!"
% >
```

说明：

rs 为记录集；

Addnew 方法为添加；

Update 方法为更新。

二、查询数据库记录

学会数据库的基本操作 2(查询记录)，在这里有这样一个程序：

```
    < %

    set conn = server. createobject( "adodb. connection" )

    conn. open "driver = {microsoft access driver ( * . mdb) }
```

```
dbq = "&server. mappath("example3. mdb")
exec = "select * from guestbook"
set rs = server. createobject("adodb. recordset")
rs. open exec, conn, 1, 1
% >
```

我们查询的是所有的记录，但是我们要修改、删除记录的时候不可能是所有记录，所有我们要学习检索满足条件的记录。先看一条语句：

```
a = "张三"
b = 111
exec = "select * from guestbook where name = '" + a + "'and tel = " + b
```

where 后面加上的是条件，与是 and，或是 or，我想"="、"<="、">="、"<"、">"的含义大家都知道吧。这句话的意思就是搜索 name 是张三的，并且电话是 111 的记录。还有一点，如果要搜索一个字符串里是否包含某个字符串，可以这么用：where instr(name，a)，也就是搜索字符串 name 里面是否有 a(张三)这个字符串的人。

这里的 a、b 是常量，我们可以让 a、b 是表单提交过来的变量，这样就可以做一个搜索了。下面看看这个代码，理解一下：

```
< form name = "form1" method = "post" action = "example6. asp" >
搜索：< br >
name =
< input type = "text" name = "name" >
and tel =
< input type = "text" name = "tel" >
< br >
```

example6. asp：

```
< %
name = request. form("name")
tel = request. form("tel")
set conn = server. createobject("adodb. connection")
conn. open " driver = { microsoft access driver ( * . mdb ) }; dbq = "
&server. mappath("example3. mdb")
exec = "select * from guestbook where name = '" + name + "'and tel = " + tel
```

```
set rs = server. createobject( "adodb. recordset" )

rs. open exec, conn, 1, 1

% >

< html >

< head >

< title > 无标题文档 </title >

< meta http – equiv = " Content – Type" content = " text/html; charset =
gb2312" >

</head >

< body bgcolor = "#FFFFFF" text = "#000000" >

< table width = "100%" border = "0" cellspacing = "0" cellpadding = "0" >

< %

do while not rs. eof

% > < tr >

< td > < % = rs( "name" )% > </td >

< td > < % = rs( "tel" )% > </td >

< td > < % = rs( "message" )% > </td >

< td > < % = rs( "time" )% > </td >

</tr >

< %

rs. movenext

loop

% >

</table >

</body >

</html >
```

这里实际上就讲了一个 where 查询，用户可以自己做试验，把 instr( ) 做
进去。

三、删除数据库记录

学会数据库的基本操作 3(删除记录)先看下列程序：

exec = "delete * from guestbook where id = "&request. form("id")

上面这句话完成了删除记录的操作，不过锁定记录用了记录唯一的表示 ID，我们前面建立数据库的时候用的是系统给我们的主键，名字是编号，由于是中文的名字不是很方便，大家可以修改为 ID，不修改时就是：

exec = "delete ＊ from guestbook where 编号 = "&request. form("id")

下面我们看完整的代码：一个表单传给 ASP 文件一个 ID，然后这个 ASP 文件就删除了这个 ID。

< form name = "form1" method = "post" action = "example7. asp" >

delete：

< input type = "text" name = "ID" >

< input type = "submit" name = "Submit" value = "提交" >

</form >

example7. asp：

< %

set conn = server. createobject("adodb. connection")

conn. open " driver = ｛microsoft access driver（＊. mdb）｝; dbq = "&server. mappath("example3. mdb")

exec = "delete ＊ from guestbook where 编号 = "&request. form("ID")

conn. execute exec

% >

在示例里面加了一个 example1. asp 和 example2. asp 差不多，就是加了一个 ID 字段，大家可以先运行这个文件，看一下所有记录的 ID 和想删除记录的 ID，删除记录以后也可以通过这个文件复查。

Example1. asp：

< %

set conn = server. createobject("adodb. connection")

conn. open " driver = ｛microsoft access driver（＊. mdb）｝; dbq = "&server. mappath("example3. mdb")

exec = "select ＊ from guestbook"

set rs = server. createobject("adodb. recordset")

```
rs. open exec, conn, 1, 1
% >
< html >
< head >
< title > 无标题文档 </title >
< meta http - equiv = " Content - Type" content = " text/html; charset =
gb2312" >
</head >
< body bgcolor = "#FFFFFF" text = "#000000" >
< table width = "100%" border = "0" cellspacing = "0" cellpadding = "0" >
< %
do while not rs. eof % > < tr >
< td > < % = rs("编号")% > </td >
< td > < % = rs("name")% > </td >
< td > < % = rs("tel")% > </td >
< td > < % = rs("message")% > </td >
< td > < % = rs("time")% > </td >
</tr >
< %
rs. movenext
loop
% >
</table >
</body >
</html >
```

四、修改数据库记录

学会数据库的基本操作 4(修改记录)，先来看代码：

```
< %
set conn = server. createobject( "adodb. connection" )
conn. open "driver = {microsoft access driver( *. mdb)}; dbq = "&server. mappath
("test. mdb")//这不就是以前的那个数据库，里面就 aa、bb 两个字段；
```

exec = " select ＊ from test where id = " &request. querystring(" id") set rs =
serve 学会数据库的基本操作4(修改记录)，先来看代码：

< %

set conn = server. createobject(" adodb. connection")

conn. open " driver = ｛microsoft access driver (＊. mdb)｝; dbq = "
&server. mappath(" test. mdb")//

这不就是以前的那个数据库，里面就 aa、bb 两个字段。

cxec = " sclcct ＊ from test where id = " &request. querystring(" id")

set rs = server. createobject(" adodb. recordset")

rs. open exec， conn， 1， 1

% >

< form name = " form1" method = " post" action = " modifysave. asp" >

< table width = " 748" border = " 0" cellspacing = " 0" cellpadding = " 0" >

< tr >

< td > aa </ td >

< td > bb </ td >

</ tr >

< tr >

< td >

< input type = " text" name = " aa" value = " < % = rs(" aa")% >" >

</ td >

< td >

< input type = " text" name = " bb" value = " < % = rs(" bb")% >" >

< input type = " submit" name = " Submit" value = " 提交" >

< input type = " hidden" name = " id" value = " < % = request. querystring("
id")% >" >

</ td >

</ tr >

</ table >

</ form >

< %

```
rs. close
set rs = nothing
conn. close
set conn = nothing
% >
```

大家到现在应该分析这个代码没有什么问题，这个代码的作用是接受前面一个页面的 ID，然后显示这条记录，文本框是输入的地方也是显示的地方，如果需要修改，以后按提交按钮；如果不需要修改就可以直接按提交按钮。这里还有一个东西以前没有说，那就是隐藏的表单元素：hidden 元素，里面的 value 是不用用户输入的，会随着表单一起提交，用于传递变量。下面是 modifysave. asp 的代码：

```
< %
set conn = server. createobject( "adodb. connection" )
conn. open " driver = { microsoft  access  driver ( * . mdb )}; dbq = "
&server. mappath( "test. mdb" )
exec = " select  *  from test where id = " &request. form( "id" )
set rs = server. createobject( "adodb. recordset" )
rs. open exec, conn, 1, 3
rs( "aa" ) = request. form( "aa" )
rs( "bb" ) = request. form( "bb" )
rs. update
rs. close
set rs = nothing
conn. close
set conn = nothing
% >
```

在这里，rs. open exec, conn, 1, 3 后面的参数是 1, 3，以前提过，修改记录就要用 1, 3。实际上修改记录很容易看懂，记录集是 rs，rs("aa") 就是当前记录 aa 字段的东西，让它等于新的数据 request. form("aa") 当然就修改了，不过最后别忘记保存，那就是 rs. update！

说到这里，记录的搜索、读取、修改、插入都讲叙，通过这最基本的东西就可以做出复杂的东西了，外面的大型数据库、新闻系统、留言簿就是字段多。下面示例中的代码是结合以前的数据库的，大家调试分析一下。

五、几个组件总结

基本的 SESSION 组件，总结 response、request 组件。

首先，有会员系统的任何程序都会用到检测是不是用户已经登录这个步骤。这就用到了 SESSION 组件，下面我们看一个代码来说明。

```
<%
session("islogin") = "yes"
%>
```

这句话的意思就是在 session 里面定义一个 islogin 字符串变量，值为"yes"，直接可以赋值，不需要声明。

如果我们做管理员登录系统的话，首先是一段检测是不是管理员的代码：

```
if 是 then
session("isadmin") = yes
else
session("isadmin") = "no"
end if
```

在每一个需要管理页面的最前面，均应有：

```
<%
if not session("isaadmin") = "yes" then
response. redirect "login. htm"
%>
```

这样一般用户就无法打开这个页面。解释一下 response. redirect，它是转向的意思，后面的"login. htm"就是转向的文件。这样没有登录的管理员是无法看到后面的内容的。

下面总结一下 response 组件：基本就是用到 response. write ( )、response. redirect( )分别是写字符串和转向的作用。

request 基本就是 request. form ( )，request. querystring ( )分别是接受 post，get 方法传来的信息。

六、分页技术

当我们有 N 条记录的时候，我们不可能把所有记录显示在一个页面里面。

处理代码如下：

```
<%
exec = "select * from test"
set rs = server. createobject("adodb. recordset")
rs. open exec, conn, 1, 1
rs. PageSize = 3
pagecount = rs. PageCount
page = int(request. QueryString("page"))
if page < =0 then page =1
if request. QueryString("page") = "" then page =1
rs. AbsolutePage = page
%>
```

rs. pagesize 设置一个页面里面显示的记录数，pagecount 是我们自己定义的一个变量，rs. pagecount 是记录的个数，page 也是我们自己定义的一个变量，我们下一页的链接可以设置为 list. asp? page = <% = page +1% >，下一页的链接可以设置为 list. asp? page = <% = page -1% >，这样当按下链接时调用页面自己，page 这个变量就 +1 或者 -1 了，最后让 rs. absolutepage（当前页面）为第 page 页就可以了。

if request. QueryString("page") = ""then page =1，这句话的作用就是我们打开 list. asp 的时候没有跟随 page 变量，自动设置为 page =1，防止出错，还有当我们 if.... then... 放在一行的时候 end if 可以省略。

下面说一种特殊情况：

if page =1 and not page = pagecount，这个时候没有上一页，但是有下一页；

elseif page = pagecount and not page =1，这个时候没有下一页，但是有上一页；

elseif page <1，这个时候没有任何记录；

elseif page > pagecount then，这个时候没有任何记录；

elseif page =1 and page = pagecount，这个时候没有上一页，没有下一页；

else，这个时候有上一页，也有下一页。

下面看一段显示1 到 n 页，且每一个数字单击以后就出现这个数在代表的页面的代码。

```
<% for i =1 to pagecount% >
<a href = " list. asp? page = <% = i% > " > <% = i% > </a> <%
next% >
```

for...next 是循环从 i =1 开始，循环一次加 1 到 pagecount 为止。

最后我的实例里面包含了一个最简单的 ASP 程序，但是功能样样有，是 ASP 的精髓，每一个 ASP 大型程序都包含了它：

add. htm 增加记录页面；

add. asp 增加记录操作；

conn. asp 数据库链接；

del. asp 删除记录操作；

modify. asp 修改记录页面；

modifysave. asp 修改记录操作。

list. asp 是这个程序的核心，通过这个页面实现记录的添加、修改、删除。

test. mdb 数据库，里面有 aa、bb 两个字段：aa 数字型只能接受数字，bb 是字符型。

技能拓展

一、实现留言功能

实现本案例中的留言功能模块，如图 5-65 所示。

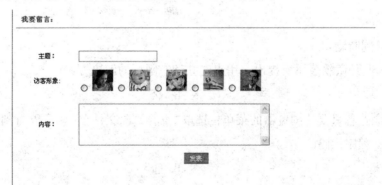

图 5-65 留言功能模块

二、实现分页功能

实现本案例中的留言内容分页面显示，要求每页显示 3 条记录，如图 5-66 所示

访客留言：

作者： 5楼访客
主题：13网络
时间：2015-5-4

我们是13网络班学生，集中安排时间确定

作者： 4楼访客
主题：领导
时间：2015-3-6

学校现任领导简介

作者： 3楼访客
主题：毕业设计
时间：2015-3-4

2015届毕业设计答辩时间安排

首页 下一页 上一页 尾页

图 5-66　记录分页效果

习　题

一、判断题

1. ASP 是微软公司所提出，用来建立动态网页的解决方案(　　)。

A. 是　　　　　　　　　　　　B. 否

2. 浏览者只要从浏览器的菜单栏选取"查看 \ 源文件"，就可以看到编写出来的 ASP 程序代码(　　)。

A. 是　　　　　　　　　　　　B. 否

二、选择题

1. 嵌入 HTML 文件的 ASP 程序代码必须放在哪两个符号之间？(　　)

A. < ! － － － － >　　　　　　B. ' '

C. < % % >　　　　　　　　　　D. < % = % >

2. 若要将数据由服务器传送至浏览器，可以使用哪个方法？（　　　）

A. Flush
B. Redirect
C. Response
D. Write

3. 下列哪种表单字段适合作为单一的选择题使用？（　　　）

A. 单行文本框
B. 复选框
C. 选择钮
D. 下拉式菜单

4. 若要将网页重新导向，而且要保留所有内置对象的值，那么必须使用哪个方法？（　　　）

A. Execute
B. Redirect
C. Transfer
D. MapPath

5. 若要将字符串进行编码，使它不会被浏览器解释为 HTML 语法，可以使用哪个方法？（　　　）

A. HTMLEncodeing
B. URLEncode
C. MapEncode
D. ASPEncode

6. 若要移动到表的最后一条记录，可以使用哪个方法？（　　　）

A. Move
B. MoveNext
C. MoveFirst
D. MoveLast

7. 下列哪一个代表表的第一条记录？（　　　）

A. EOF
B. FOF
C. BOF
D. ROF

8. 下列有关 Response. Write 方法的语法哪一个正确？（　　　）

A. 若要显示的信息包含双引号，必须将双引号“"”改为单引号“'”

B. 若要显示的信息包含双引号，必须将双引号“"”改为两个双引号“""”

C. 若要显示的信息包含% ＞，必须改为 \ % ＞

D. 若要显示的信息包含% ＞，必须改为% \ ＞

三、编程题

1. 从数据库中名为 ZhaoPin_ Yali 的表内选取字段 JobID 符合给定参数的数据，从中取得该表内名为 BiaoTi 的字段的值。

2. 向数据库中名为 ZhaoPin_ Yali 的表内写入一条新数据，要写入的字段名为 BiaoTi。

3. 改写数据库中名为 ZhaoPin_ Yali 的表内，字段 JobID 符合给定参数的数据中，名为 Pro 的字段的值。

学习情境六　发布网站

设计好的网站首先要能够正常运行，然后要达到真正的资源共享，必须上传到服务器上。在顺利通过测试后，维护的工作尤为重要，也是网站后期工作的重心。本课题我们用 3 个任务来完成最后的网站开发工作：

1. 测试站点。
2. CuteFTP 进行网站上传。
3. 远程测试网站。

学习任务一　测试站点

知识点

1. 掌握网站测试的方法。
2. 掌握网站的发布、上传、下载等方法。
3. 了解网站的维护与更新。

技能点

1. 全面掌握本地站点的测试与验证过程。
2. 熟练掌握网站的发布。

一、任务引入

一个网站制作完成后，并准备上传到服务器发布之前，建议先对本地站点进行严格的测试，如站点内页面能否在目标浏览器中如预期的那样显示和工作，检查各个链接是否正确，网页脚本是否正确，页面下载时间是否过长等。

二、任务分析

本任务围绕站点的测试与发布来设置任务环节，并对已制作完成的网站进行整体测试与检查，提高整个站点的规范和完整性。我们可以利用 Dreamweaver CS3 中的网站地图来实现这个目的。Web 站点通过链接来实现页面之间的转换，

Dreamweaver CS3 的站点地图提供了一种可视化图形展示站点结构，把所有的 Web 页面都简化成图标，采用分层目录结构树来浏览整个站点和所有链接，还能直观地显示诸如出错链接（显示为红色），如图 6-1 所示。

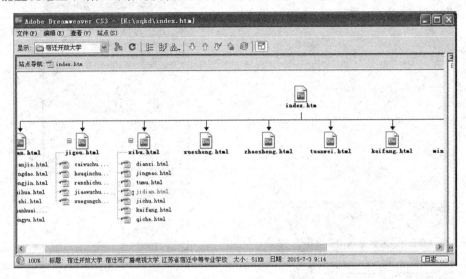

图 6-1 任务一效果图

三、任务实施

步骤一：站点管理地图

（1）打开"站点定义为"对话框，选择"高级"选项卡，选择"站点地图布局"选项，该选项可以修改站点地图的布局，"显示标记为隐藏的文件"或者"显示相关文件"，如图 6-2 所示。

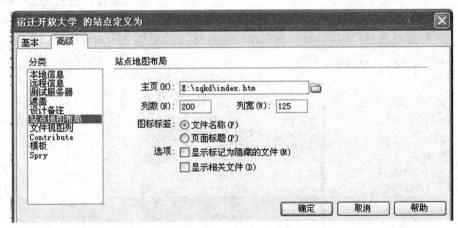

图 6-2 "站点地图布局"选项

（2）单击"确定"按钮后，在"文件"面板中，选择本地视图下拉列表，如图6-3所示。选中地图视图后，将站点视图完全打开，如图6-4所示。

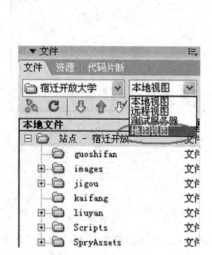

图6-3 "文件"面板中"本地视图"　　　　图6-4 "文件"面板中"地图视图"

（3）也可选择"展开以显示本地和远端站点"，如图6-5所示。将地图视图以横向方式显示，如图6-6所示。

图6-5 展开按钮

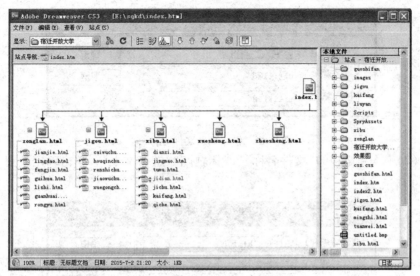

图 6-6　地图视图以横向方式显示

步骤二：在站点地图中使用页面

在站点地图中可以进行页面选择，打开需要编辑的页面，向站点添加新页面，创建页面之间的链接和改变页面标题等操作。

（1）在站点地图中选择主页文件，右键单击弹出的菜单中选择"链接到新文件"命令，如图 6-7 所示。系统弹出"链接到新文件"对话框，如图 6-8 所示。

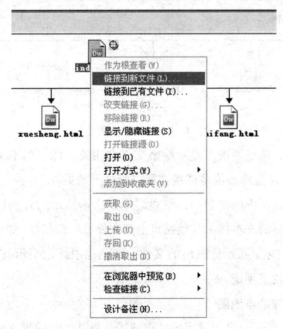

图 6-7　右键单击弹出菜单

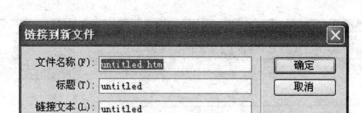

图 6-8　"链接到新文件"对话框

（2）输入要链接的"文件名称"、"标题"和"链接文本"，单击确定按钮，如图 6-9 所示。

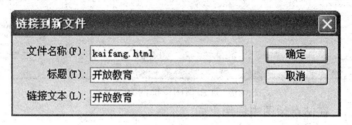

图 6-9　输入内容

（3）在站点地图中，新文件将自动链接到站点主页下方，如图 6-10 所示。

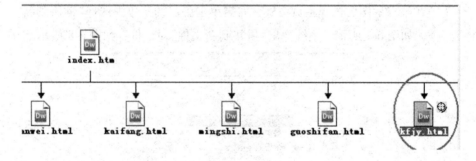

图 6-10　链接到新网页

默认情况下，站点地图不显示隐藏文件和相关文件。单击文件名旁的加号（＋）和减号（－）可显示或隐藏链接在第二级之下的页。

请注意站点地图中的颜色：以红色显示的文本指示断开的链接；以蓝色显示并标有地球图标的文本指示其他站点上的文件或特殊链接（如电子邮件或脚本链接）；绿色选中标记指示已取出的文件；红色选中标记指示其他格式的文件；锁形图标表示只读或锁定。

步骤三：保存站点地图

Dreamweaver CS3 通过扫描当前站点地图并将其作为图形文件来保存，然后在图像编辑器中查看（或打印）该图像。

选择"文件/保存站点地图"，将弹出"保存站点地图"对话框，输入图像文件名和保存路径，如图6-11所示。

图6-11　"保存站点地图"对话框

步骤四：使用设计备注管理站点信息

当站点的文件越来越多时，准确了解文件中的内容和文件的含义就显得非常重要。利用设计备注可以对整个站点或某一文件夹甚至是某一文件增加附注信息，用户就可以跟踪、管理每一个文件，了解文件的开发信息、安全信息和状态信息等。

1. 启动站点设计备注

在"站点定义"对话框的"设计备注"选项，可以对整个站点的备注进行相关操作，如维护、上传并共享设计备注。打开该选项对话框，如图6-12所示。

"维护设计备注"可以选择仅在本地使用设计备注；"上传并共享设计备注"实现设计备注和文件视图列的共享。

2. 使用站点设计备注

管理站点文件时，可以为站点中每一个文档或模板创建设计备注文件，或者为文档中的Aplet、Java applet、ActiveX控件、图像文件、Flash动画、Shock-wave影片及图像域创建设计备注。

选择"文件/设计备注"命令或选中文件或文件夹，单击鼠标右键选择"设计备注"选项，打开"设计备注"对话框，如图 6-13 所示。

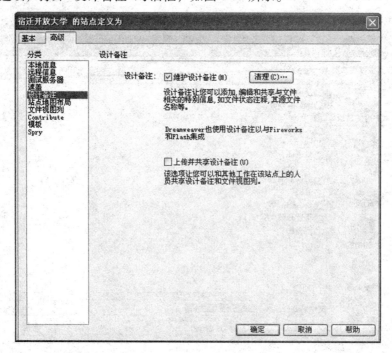

图 6-12 "站点定义"对话框

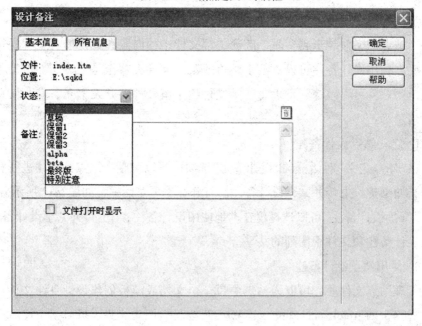

图 6-13 "设计备注"对话框

> ### 知识拓展
>
> **网站后期的工作流程**
>
> 1. 测试站点网页：检查链接、检查目标浏览器、验证标记。
> 2. 测试本地站点：检查链接、检查页面效果、检查网页的容错性。
> 3. 创建网站报告。
> 4. 网站上传与发布。
> 5. 网站的维护与更新。

习　　题

操作题

用"上传与共享设计备注"，同时上传网站。

学习任务二　用 CuteFTP 进行网站上传

知识点

1. 上传软件 CuteFtp 的安装和使用。
2. 利用 CuteFtp 软件上传网站：建立管理站点和上传文件。

一、任务引入

小王已经基本完成了网站的设计工作，紧接着要将做好的网站进行发布，也就是上传到服务器，真正达到资源共享。该采用什么样的方式达到最快捷的结果呢？如图 6-14 所示。

二、任务分析

网页设计完成并在本地站点测试通过后，就可以将本地文件夹上传到 Web 服务器，发布到 Internet 上，形成真正的网站。网站的发布可以通过多种方式完成，一般网页制作软件都提供了上传功能，如 Dreamweaver CS3 中内置的 FTP 上传工具——站点管理器来实现。CutFtp、LeapFtp 等工具软件都是很好的网页上传工具，其中 CutFtp 功能比较齐全，能够实现本地站点和远程站点之间的文件传输。

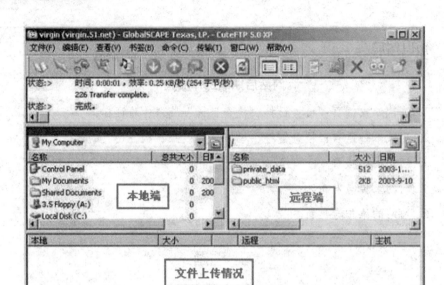

图6-14　任务二效果图

CuteFTP 是一款简单方便的 FTP 软件，可下载或上传整个目录，可以上传队列，支持断点传，还支持目录覆盖和删除等。使用 CuteFTP 上传网页时，只需要按照该软件提供的"向导"进行操作即可。

三、相关知识

要想拥有属于自己的网站，必须先拥有一个域名。域名是连接企业和互联网网址的纽带，它像品牌、商标一样具有重要的识别作用，是企业在网络上存在的标志，担负着标识站点和形象展示的双重作用，它由若干英文字母和数字组成，由"."分隔成几部分。

(一)域名和空间申请

域名分国内域名、国际域名两种。国内域名由中国互联网中心管理和注册，网址 http：//www. cnnic. net. cn。国际域名是用户可注册的通用顶级域名的俗称，它的后缀为.com、.net 或.org。主要申请网址是：http：//www. networksolutions. com。

域名对企业开展电子商务具有积极的重要作用，它被誉为网络时代的"环球商标"。一个好的域名会大大增加企业在互联网上的知名度。因此，企业如何选取好的域名就显得十分重要。选取域名时需要遵循以下两个基本原则。

(1)域名应该简明易记，便于输入。这是判断域名好坏的最重要因素。一个好的域名应该短而顺口，便于记忆，最好让人看一眼就能记住，而且读起来发音清晰，不会导致拼写错误。此外，域名选取还要避免同音异义词。

（2）域名要有一定的内涵和意义。一个域名最终的价值是它带来商机的能力。具有一定意义和内涵的词或词组作域名，不但可以加强记忆，而且有助于实现企业的营销目标。如企业的名称、产品名称、商标名、品牌名等都是不错的选择，这样能够使企业的营销目标和非网络营销目标达成一致。

（二）空间申请

目前，网络提供的空间有两种形式：收费空间和免费空间。收费空间提供的服务更全面一些，提供更大的容量空间，支持应用程序技术和提供数据库空间等。免费空间一般不需要付费，但不支持应用程序技术和数据库技术，空间大小一般在 10～100MB，并且访问速度也不稳定，上传的站点只能是静态网站。

四、任务实施

步骤一：安装 CuteFTP

（1）双击安装文件 ，打开安装向导，如图 6-15 所示。

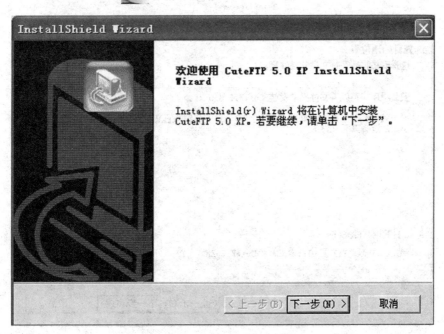

图 6-15　CuteFTP 5.0 XP 安装向导

（2）单击"下一步"按钮，进入"许可证协议"面板，如图 6-16 所示。

（3）接受"许可证协议"的所有条款，单击"是"按钮，打开"选择目的地位置"面板，默认安装路径如图 6-17 所示，也可以单击"浏览"按钮修改其安装路

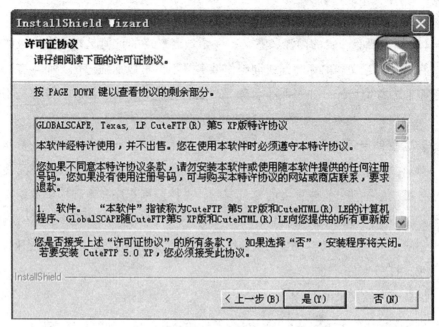

图 6-16 "许可证协议"面板

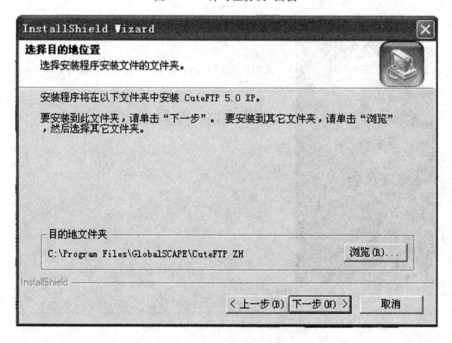

图 6-17 "选择目的地位置"面板

径，这里选择默认。

(4)单击"下一步"，安装文件运行后，向导提示"完成安装"，单击"完成"
按钮即可，如图 6-18 所示。

图 6-18　安装完成提示向导

步骤二：新建站点并连接

（1）运行 CuteFtp 后，打开如图 6-19 所示的界面。

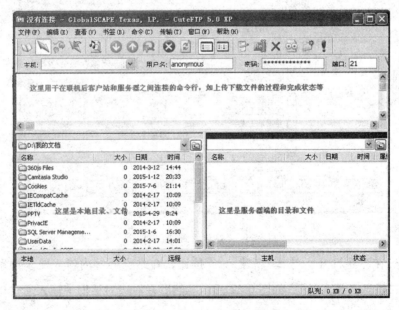

图 6-19　cuteftp 运行主界面

（2）选择"文件"菜单下"站点管理器"命令，如图 6-20 所示，打开"站点管理器"对话框，如图 6-21 所示。

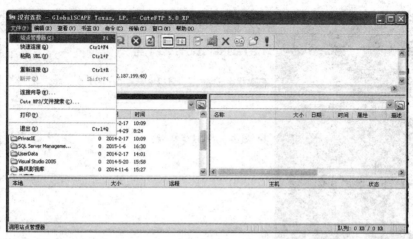

图 6-20 "文件"菜单下"站点管理器"命令

图 6-21 "站点管理器"对话框

（3）在图 6-21 中，选择"新建…"按钮，在站点标签内输入便于识别的名称，如"宿迁开放大学"，如图 6-22 所示。然后在右边对话框中输入通过申请得来的远程主机地址（FTP 主机地址）、用户名、密码和登录类型（选择"普通"），如图 6-23 所示。输入完成后，单击下面菜单栏的"连接"即可登录到服务器的空间。

图 6-22 建立"宿迁开放大学"站点标签

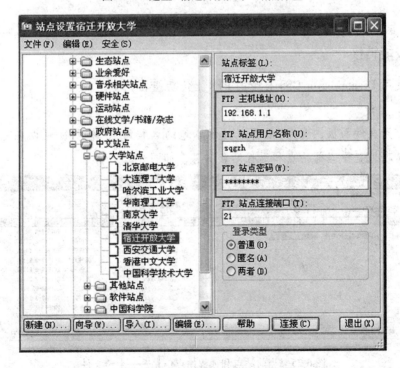

图 6-23 输入相应的空间信息

步骤三：上传文件

连接成功后可看到远程服务器上面的内容，选中本地的网站文件，右击选择"上传"就可以了，如图6-24所示。

图6-24　上传文件平台

🔍 **技能链接**

使用 Dreamweaver CS3 自带的 FTP 上传功能。

1. 上传

打开文件面板，选择"展开以显示本地的远程站点"按钮，可以在可视环境下清晰地查看当前站点和远程站点信息，如图6-25所示。

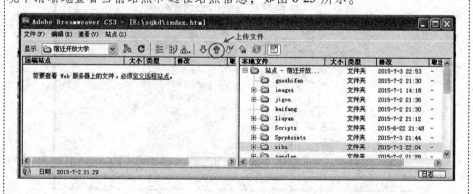

图6-25　当前站点和远程站点信息——上传文件

在本地站点浏览窗口选择要上传的文件、文件夹或网站，单击"上传文件"

按钮后系统给出消息窗显示成功与否，并可以看到上传文件或站点已保存到服务器指定目录。

2. 获取

获取文件之前同样要连接远程服务器，操作如下：

(1)在远程服务器浏览窗口中选择要上传的文件、文件夹或网站。

(2)单击"获取文件"按钮，文件就被下载到本地站点中，如图6-26所示。

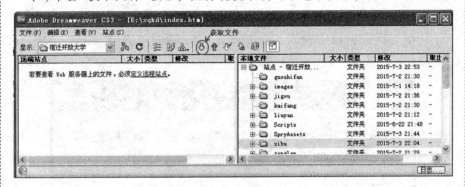

图6-26　当前站点和远程站点信息——获取文件

(3)在上传和获取文件时，Dreamweaver CS3 都会自动记录各种相关信息，遇到问题时就可以打开"FTP"记录窗口，查看相关记录。

学习任务三　远程测试网站

知识点

1. 测试网站的运行速度。

2. 网站的推广。

一、任务引入

网站已上传到服务器空间，那么这时候，可以使用事先申请好的域名就可以打开网站了。但是，小王得无限期地测试网站，才能够确保网站的顺利运行；小王还得对网站进行推广，同时根据"宿迁开放大学"的情况随即更改有关信息。

二、任务分析

制作出的网站可以先在本地进行测试，检查站点的浏览器兼容性已经可能存在的错误链接等。搜集使用者意见，分析记录文件，并且搜集其他有关的资料。请记住，网站永远有改善的空间，就算是新的设计也不过是下个设计的原型罢了。网络营销的大部分活动都是为了网站推广的需要。例如，发布新闻、搜索引擎登记、交换链接、网络广告，等等。

三、任务实施

步骤一：测试网站的运行速度

（1）点击桌面左下角的"开始"菜单，找到"运行"命令，单击后弹出"运行"窗口，如图6-27所示。

（2）在"运行"窗口中输入 ping 域名-t，然后单击"确定"按钮，如图6-28所示。

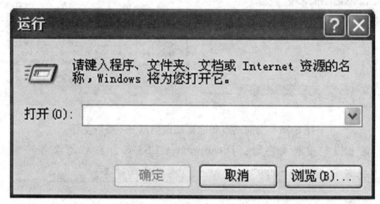

图 6-27　"运行"窗口

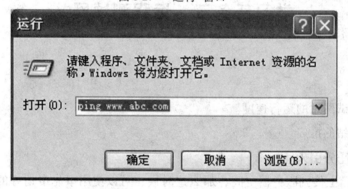

图 6-28　输入 ping 命令

（3）在弹出的黑色窗口中会显示测试结果，例如：

Pinging www. abc. com［192. 168. 1. 1］with 32 bytes of data：

Reply from192. 168. 1. 1：bytes = 32 time = 3ms TTL = 123

Reply from192. 168. 1. 1：bytes = 32 time = 2ms TTL = 123

Reply from192. 168. 1. 1：bytes = 32 time = 2ms TTL = 123

Reply from192. 168. 1. 1：bytes = 32 time = 2ms TTL = 123

其中，"time = 3ms"最重要，它表示访问我们的网站需要 3ms。

一般地，普通的宽带测试的，在 100ms 以内就表示速度很快，如果是 200ms 或 300ms 甚至更多，就说明我们的网站有问题了。

步骤二：网站推广

网站推广活动一般发生在网站正式发布之后，当然也不排除一些网站在筹备期间就开始宣传的可能。网站推广是网络营销的主要内容，可以说，大部分的网络营销活动都是为了网站推广的需要。例如，发布新闻、搜索引擎登记、交换链接、网络广告，等等。

(1)网站的宣传。互联网上的网站数以千万计，网站创建发布后，如何使浏览者快速找到自己的网站、提高访问流量、提高知名度，是网站宣传所要考虑的问题。网站的宣传推广需要借助一定的网络工具和资源，包括搜索引擎、分类目录、电子邮件、网站链接、在线黄页和分类广告、电子书、免费软件、网络广告媒体、传统推广渠道等推广策略。

(2)注册到搜索引擎。大多数网民在各大搜索引擎站点输入关键字或相关内容，搜索引擎系统就会基于这些关键字，自动搜索计算机互联网上的信息，并将这些信息的网址按照一定的规则反馈给信息查询者。随着互联网信息的快速增长，目前大多数搜索引擎 Robots(机器人)等程序都具备了自动搜索功能，即将每一页代表超级链接的词汇放入一个数据库中，供查询者使用，目前比较有名的搜索引擎有 Google、搜狐、百度、网易等。据 CNNIC 调查，约76% 的新网站是浏览者通过搜索引擎获知的。因此，对于每一个新成立的网站，注册搜索引擎，确保浏览者在主要搜索引擎里检索到站点是其首要选择。

(3)友情链接。友情链接也称为交换链接，是提高网站访问量最有效、经济的方法。与自己站点内容相近、相关或有业务往来、访问量相当的站点之间建立相互间的友情链接，或在各自站点上放置对方的 LOGO 或网站名称，除了互相从对方获得流量，还可以使网站很快被大量搜索引擎收录，能够更好地促进网站的推广。对于一些商业型网站，付费在门户网站或其他知名网站上发布广告是十分必要的。

也可以通过专门的站点来交换动态链接，比如网盟、太极网等，可以选择图形或文字的方式，该成员网站的链接将出现在的网站上，而网站也将按照访问量相应地显示在该成员的网站上，其最大优点是体现彼此间的公平。

(4)网站广告。网站广告的付费方式大致有两种：cpm 和 cpc，cpm 方式是指按照广告在他人网站上每显示一千次的价格计费；cpc 方式是指按照广告在他人网站上每被单击访问一次的价格计费。常见的网站广告类型有：按键广告、弹出广告、旗帜广告等。

按键广告：网络广告的最早形式，在网站上单击链接站点的标志或超级链接访问目标站点。

弹出广告：当前比较流行的一种网站广告，当打开一个站点，系统会自动弹出一个窗口，该窗口显示目标站点的一些内容并提供指向目标站点的超级链接。尽管弹出式广告目前遭到众多非议，主要是出现频率过高，影响到浏览者的正常阅读和信息的获取，相信对此方式加以统一控制，此种方式还是具备空间的。

旗帜广告：网络中较常见和有效的宣传方式，主要是以 Gif 格式的静态或动态图片放置到网站的顶部、中部或底部，具有面积大、颜色丰富、动画和表现力丰富的优点，如果具备交互性，效果会更好。

（5）利用 BBS 论坛推广。虽然花费精力，但是效果非常好。如果有时间，可以找找一些跟公司产品相关并且访问人数比较多的一些论坛，选择自己潜在访问人群可能经常访问的 BBS，或者人气比较好的 BBS，注册登录并在论坛中输入公司一些基本信息，比如网址，产品等。此外，还可以采用群发邮件、网络广告、报刊和户外广告等推广方式。发帖时应注意以下几点：

①不要直接发广告，这样的帖子很容易被当做广告帖删除。

②用好的头像和签名，头像可以专门设计一个，宣传自己的站点，签名可以加入自己网站的介绍和链接。

③发帖要注重质量，因为发帖多，质量不好，很快就会沉底，总浏览量便不会大。发帖关键是为了让更多的人看，变相地宣传自己的网站，所以发质量高的帖子，可以花费较小的精力获得较好的效果。

（6）QQ 群发。QQ 的在线人数数目庞大，如果广告内容设计好，标题新颖，采用 QQ 方式进行群发，可以带来很好的宣传效果。此外，也可以采用电子邮件群发方式宣传站点，但需要注意的是不要滥用，否则会被误认为垃圾邮件或信息，拒绝访问。

（7）直接跟客户宣传。一个稍具规模的公司一般都有业务部，市场部或者客户服务部。根据自身的特点选择一些较为便捷有效的宣传策略，通过业务员跟客户打交道时直接把公司的网址告诉给客户，或者直接给客户发 E - mail，等等。

网站的宣传对网站的知名度极为重要。但是网站设计人员应该懂得一个站点真正的生命在于内容本身，人们上网就是为了获取更多更新的信息，不断地提供人们所需、有价值内容，如果网站本身内容枯燥乏味，再怎么宣传也是无济于事的。因而，要不断地对站点内容进行更新，并改善界面，将一些定期更新的栏目放在首页上，包括版面、配色等，并使首页的更新频率更高些、更友好些。此外，树立网站的信誉也是非常重要的，网站同样也需要"回头客"。

步骤四：站点发布之后还要经常对站点进行长期的维护

网站发布之后，还要定期进行维护，主要包括下列几个方面：服务器及相关软硬件的维护，对可能出现的问题进行评估，制定相应时间。站点维护是指不断优化网站功能和更新网页内容。维护网站的目的是使网站的结构规划合理、内容与形式统一、主题鲜明，经常更新网页内容，让网站与时俱进。

习　　题

一、选择题

1. 站点测试的目的是(　　)。

A. 测试网页中的链接是否正确　　　　B. 测试网页中是否有错别字

C. 测试域名是否正确　　　　D. 测试用户名是否正确

2. 上传站点的方式有(　　)。

A. FTP　　　　B. WebDAV

C. RDS　　　　D. SourceSafe(R)数据库

二、填空题

1. 文件面板中 按钮的作用是＿＿＿＿＿＿＿＿。

2. 文件面板中 按钮的作用是＿＿＿＿＿＿＿＿。

3. 展开"结果"面板的快捷键是＿＿＿＿＿＿＿＿＿。